Welt · Zeit · Gesellschaft 5

Baden-Württemberg

Werkrealschule

W0390425

Moderator:
Jürgen Nebel

Autoren:
Peter Gaffga
Julia Holtzhauer
Norma Kreuzberger
Jürgen Nebel
Roland Theophil

westermann

Auf verschiedenen Seiten dieses Buchs befinden sich Verweise (Links) auf externe Internet-Adressen.
Haftungshinweis: Trotz sorgfältiger inhaltlicher Kontrolle wird die Haftung für die Inhalte der externen Seiten ausgeschlossen. Für den Inhalt dieser externen Seiten sind ausschließlich deren Betreiber verantwortlich. Sollten Sie bei dem angegebenen Inhalt des Anbieters dieser Seite auf kostenpflichtige, illegale oder anstößige Inhalte treffen, so bedauern wir dies ausdrücklich und bitten Sie uns umgehend per E-Mail unter www.westermann.de davon in Kenntnis zu setzen, damit beim Nachdruck der Verweis gelöscht wird.

Druck A^2 / Jahr 2008
Alle Drucke der Serie A sind im Unterricht parallel verwendbar.

Verlagslektorat: Brigitte Mazzega
Lay-out-Konzept: Thomas Schröder
Umschlaggestaltung: Andrea Heissenberg
Herstellung: Yvonne Ullrich
Satz: PER Medien+Marketing GmbH, Braunschweig
Druck und Bindung: westermann druck GmbH, Braunschweig

ISBN 978-3-14-**114595**-3

Zeichenerklärung

Kennzeichnung von Teilkapiteln:

✪	Vorschlag zum Einüben und Vertiefen von Kompetenzen auch im Rahmen eines Schulcurriculums
Gewusst wie	Hier wird eine wichtige Methode erklärt.
Projekt	Hier werden Vorschläge für ein Projekt vorgestellt.
Alles klar?	Die vorletzte Seite jedes Hauptkapitels enthält Rätsel und Aufgaben, um das Wissen zu überprüfen. Die Schülerinnen und Schüler müssen selbst aktiv werden.
Das Wichtigste	Auf der letzten Seite jedes Hauptkapitels sind die wichtigsten Inhalte zusammengefasst und auch alle Grundbegriffe aufgelistet. Dies trägt zur Sicherung und Festigung des Grundwissens bei. Die Merkseiten sind eine wichtige Hilfe bei der Überprüfung der Standards und für die Evaluation.

Kennzeichnungen in den Texten:

Grundbegriff	Wichtige Fachbegriffe sind im Buch fett gedruckt. Diese Begriffe sind am Ende jeder Doppelseite und am Ende jedes Kapitels nochmals zusammengestellt. Im alphabetischen Minilexikon am Schluss des Buches werden sie erklärt. Das Minilexikon unterstützt die Selbstständigkeit der Schülerinnen und Schüler bei der Erarbeitung von Unterrichtsinhalten.
Quelle	Der unter dieser Überschrift stehende Text ist eine Quelle.
Info	Texte mit diesem Titel enthalten Informationen und Erklärungen.

Inhaltsverzeichnis

Globalisierung und nachhaltiges Wirtschaften 84

Fallstudie: Nachhaltige Nutzung im tropischen Regenwald 106

Die Europäische Union (EU) 116

Friedens- und Zukunftssicherung auf der Erde 130

Anhang 150

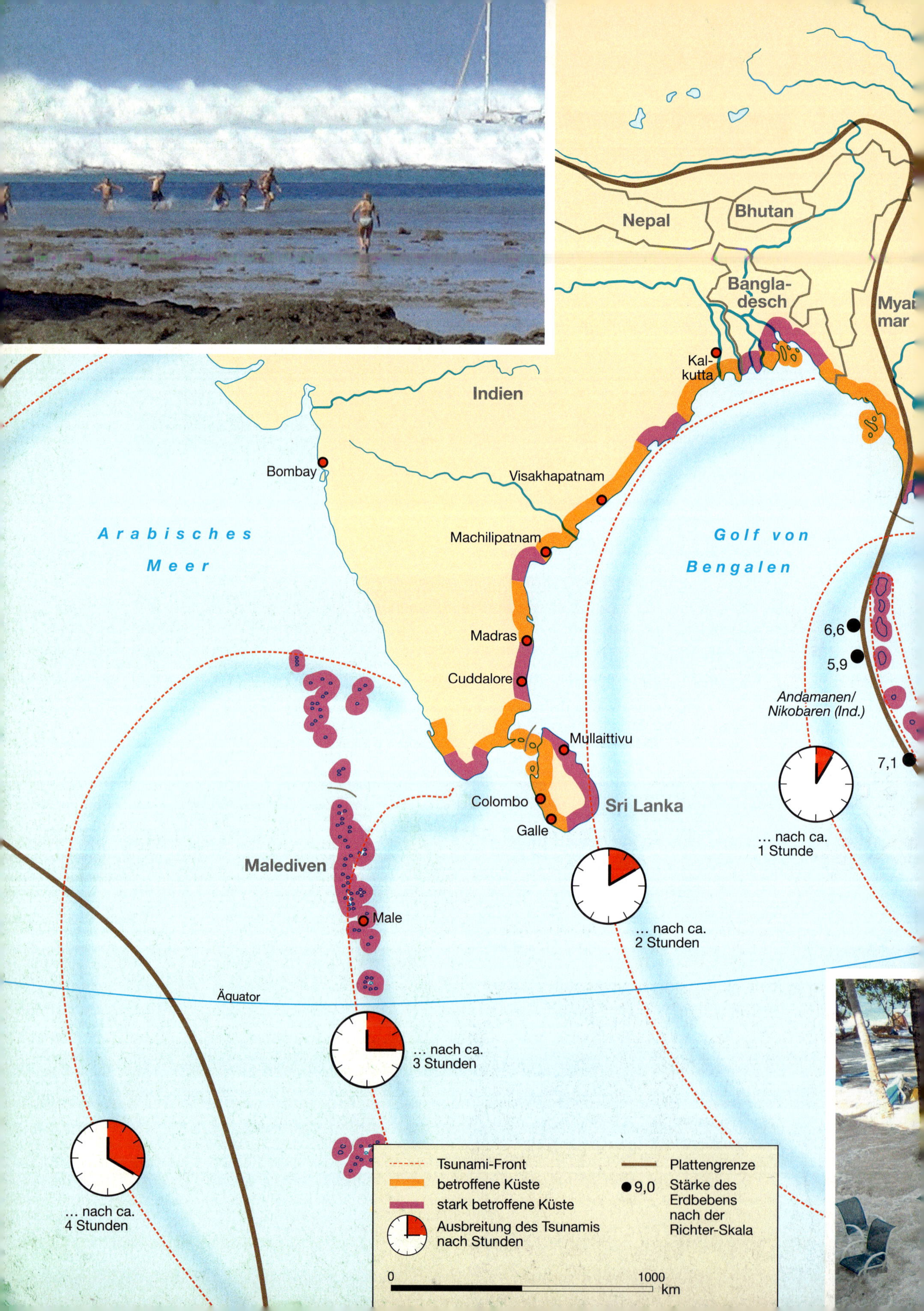

Nepal
Bhutan
Bangla-desch
Myanmar
Indien
Kal-kutta
Bombay
Visakhapatnam
Machilipatnam
Madras
Cuddalore
Arabisches Meer
Golf von Bengalen
Mullaittivu
Colombo
Galle
Sri Lanka
Malediven
Male
Äquator
6,6
5,9
7,1
Andamanen/ Nikobaren (Ind.)
… nach ca. 1 Stunde
… nach ca. 2 Stunden
… nach ca. 3 Stunden
… nach ca. 4 Stunden
Tsunami-Front
betroffene Küste
stark betroffene Küste
Ausbreitung des Tsunamis nach Stunden
Plattengrenze
9,0 Stärke des Erdbebens nach der Richter-Skala
0
1000
km

10158E_8

Fallstudie: Tsunamis in Südostasien

Ein Tag des Schreckens

Wie sich ein Tsunami ausbreitet

Folgen der Katastrophe und Hilfe in der Not

Politiker müssen handeln!

◀ **M1** *Seebeben und Tsunami im Indischen Ozean am 26.12.2004*

Ein Tag des Schreckens

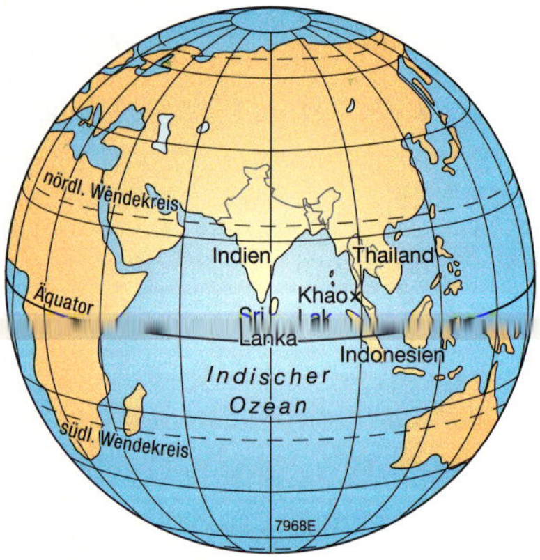

M1 *Lage des Indischen Ozeans*

Katastrophe am Indischen Ozean

Am frühen Morgen des 26. Dezembers 2004 begann vor der Nordwestküste Sumatras (Indonesien) der Meeresboden zu beben. Durch das Seebeben in 10 km Tiefe wurde ein **Tsunami** ausgelöst, der nach wenigen Minuten die Küste von Sumatra sowie die Inselgruppen der Andamanen und Nikobaren erreichte. Die Küstenstreifen wurden von der Welle überschwemmt und zerstört. Weitere Tsunamis folgten.

Die Zahl der geforderten Menschenleben ist nur grob schätzbar. Wegen einer möglichen Seuchengefahr wurden die Opfer ungezählt begraben. Insgesamt waren 13 Staaten, die an den Indischen Ozean grenzen, von den Flutwellen betroffen. Durch die Katastrophe verloren die Menschen ihre Häuser, ihren Besitz und ihre Arbeitsstellen. Die meisten der Überlebenden hatten zudem Verwandte und Bekannte unter den Todesopfern.

Am schlimmsten traf es die Staaten Indonesien, Indien, Sri Lanka und Thailand. Indonesien hat allein 114 573 Todesopfer zu beklagen. Das ist mehr als ein Drittel aller Todesopfer. Außerdem wurden 417 438 Menschen obdachlos. Sri Lanka meldete 30 959 Tote und 500 668 Obdachlose.

Info

Tsunami
Das Wort Tsunami kommt aus dem Japanischen und bedeutet „große Welle im Hafen".
Ein Tsunami ist eine am Meeresboden durch ein Erdbeben (Seebeben) oder einen Vulkanausbruch ausgelöste Welle im Meer.

- Vor der Küste erreichte der Tsunami bis zu 30 Meter Höhe.
- 10 000 km² an den Küsten verschiedener Länder wurden verwüstet.
- 300 000 Todesopfer (Schätzung) forderte der Tsunami.
- 3 000 000 Menschen wurden obdachlos.

M3 *Zahlen und Fakten zur Tsunami-Katastrophe*

M2 *Hilfe während der Flut*

M4 *Ein Tourist sucht seine Tochter.*

Wie kam es zu dem Seebeben?

Die äußere Gesteinshülle der Erde setzt sich aus der **Erdkruste** und der oberen, festen Schicht des **Erdmantels** zusammen. Diese Gesteinshülle wird mit dem Fachbegriff „Lithosphäre" bezeichnet. Sie ist bis zu 150 km mächtig. Wärme von unten hat die Lithosphäre verformt und sie in mehrere Platten zertrennt. Die Platten bewegen sich auf der zähflüssigen Schicht des oberen Erdmantels.

Westlich vor der Insel Sumatra wandern die Indisch-Australische Platte und die Eurasische Platte aufeinander zu. Dadurch entsteht eine **Subduktionszone** („Abtauchzone"). Es schiebt sich die schwerere, ozeanische Indisch-Australische Platte unter die leichtere, kontinentale Eurasische Platte. Dabei wird das Gestein der Indisch-Australischen Platte im Erdinneren zu **Magma** eingeschmolzen.

An der gegenüberliegenden Seite gelangt das Material aus dem tieferen Erdmantel wieder in die Erdkruste und bildet Vulkane. Eine solche Vulkankette befindet sich auf der Insel Sumatra und der südöstlich davon liegenden Insel Java.

Bei der Subduktion entsteht eine gewaltige Spannung im gegeneinander drückenden Gestein. Wird diese Spannung plötzlich gelöst, bebt die Erde bzw. der Meeresboden.

Dies passierte am 26. Dezember 2004 im Indischen Ozean. Die Indisch-Australische Platte sank mit einem Ruck auf einer Länge von etwa 500 Kilometern ab, und der Meeresboden der Eurasischen Platte hob sich um 10 bis 30 Meter.

Die Wassermassen kamen dadurch in ein Ungleichgewicht. Es entstanden Wellen, die sich vom Erdbebenherd aus kreisförmig mit rasender Geschwindigkeit fortbewegten.

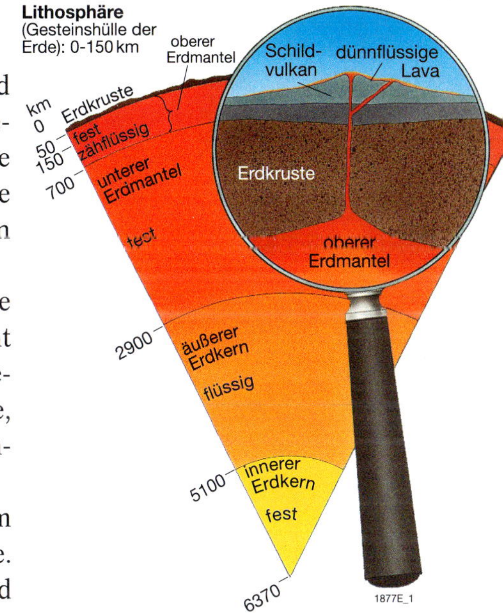

M6 *Aufbau der Erde*

Aufgaben

1 Suche im Atlas die Vulkane Sumatras und Javas. Notiere Namen und Höhe der Vulkane.

2 Erkläre die Abläufe in der Gesteinshülle der Erde, die zu Vulkanausbrüchen und Erdbeben führen (M5).

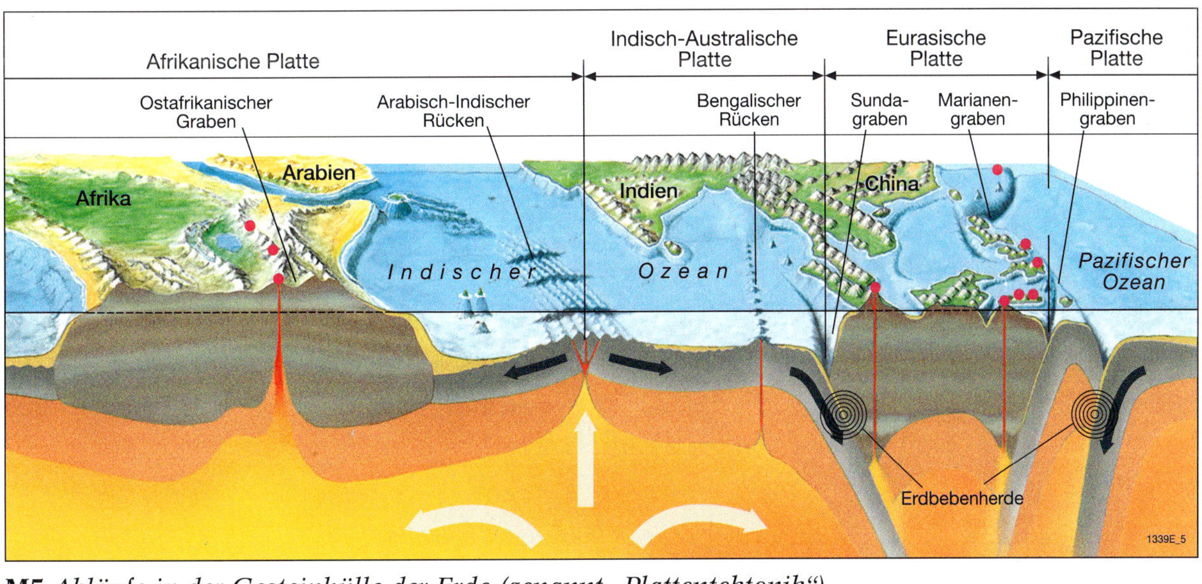

M5 *Abläufe in der Gesteinhülle der Erde (genannt „Plattentektonik")*

Wie sich ein Tsunami ausbreitet

Aufgaben

1 Erläutere mit Hilfe von M2, wie ein Tsunami entsteht und sich ausbreitet.

2 Vergleiche M1 und M4. Beschreibe die Veränderungen.

3 Lege eine Tabelle an und liste die Unterschiede zwischen normalen Wellen und Tsunamis auf (M3).

4 Schreibe die Namen der Küstengebiete der Erde auf, die durch Tsunamis besonders gefährdet sind (Atlas, Karte: Erde – Plattentektonik).

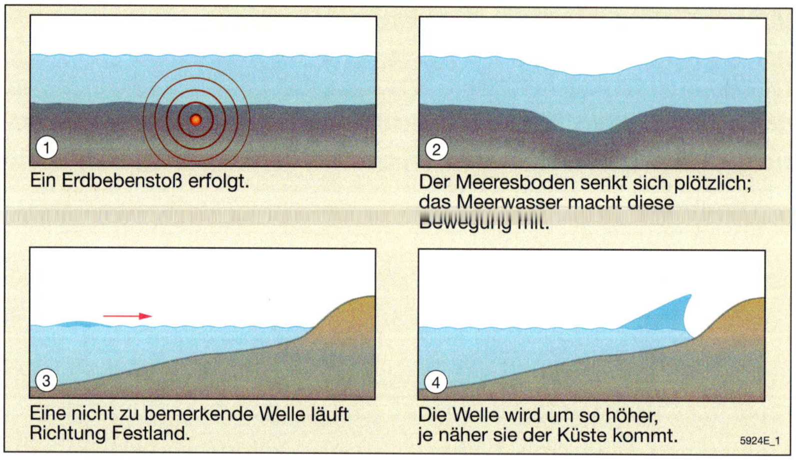

M2 *Entstehung von Tsunamis*

Die Welle kommt

Ein Tsunami entsteht direkt am Seebebenherd, dem **Epizentrum**. Von dort aus breitet sich die Wasserwelle kreisförmig aus (siehe auch Karte Seiten 6/7). Der Tsunami von 2004 erreichte innerhalb von Minuten Sumatra sowie die Andamanen und Nikobaren. Nach einer Stunde war er vor der Küste Thailands.

Tsunamis sind auf offenem Meer kaum erkennbar. Erst an der Küste, wenn der Meersboden die erste Welle abbremst und sich die anderen Wellen hinter der ersten anstauen, bildet sich eine große „Mauer“ aus Wasser. Tsunamis können bis zu 2 km weit ins Landesinnere eindringen. Sie zerstören alles, was ihnen in den Weg kommt.

M1 *Banda Aceh/Indonesien vor der Flut*

Wellentyp

Wirft man einen Stein ins Wasser, breiten sich die entstehenden Wellen im Wasser rund um einen Punkt aus. Mit den Wellen wird Energie weitergegeben, die bei Auftreffen des Steines auf der Wasserfläche freigesetzt wurde. Sie wird mit zunehmender Entfernung von der Einwurfstelle niedriger. Bald „verliert" die Welle immer mehr Energie und läuft aus.
Bei einem Tsunami dagegen entstehen – ausgelöst durch ein Seebeben – Wellen, die nicht auseinander laufen und die selbst auf dem Weg durch den ganzen Indischen Ozean nur unwesentlich Energie verlieren.

Wassersäule

Normale Wellen werden durch Wind erzeugt. Sie betreffen nur die oberste Schicht der Meere. Tsunamis dagegen erfassen die gesamte Wassersäule vom Meeresboden bis zur Oberfläche.

Wellenlänge und Wellenhöhe

Bei normalen Meereswellen liegen die Wellenkämme höchstens 400 m auseinander, bei Tsunamis sind dies 10 bis 100 km, daher können sie auch von Schiffen auf hoher See nicht bemerkt werden. Auch sind sie dort zunächst nur etwa 1 m hoch, erst an der Küste ändert sich die Wellenhöhe.

Ausbreitungsgeschwindigkeit

Die Ausbreitungsgeschwindigkeit der Tsunamis hängt von der Wassertiefe ab. Im Gegensatz zu Tsunamis (900 km/h) sind normale Meereswellen nur bis zu 90 km/h schnell. Diese Unterschiede erklären die besondere Wucht der Tsunamis, wenn sie auf eine Küste treffen: Die Geschwindigkeit der Welle sinkt, wenn die Wassertiefe abnimmt. Da die Energie aber im Wesentlichen erhalten bleibt, wächst die Wellenhöhe von etwa 1 m auf bis zu 30 m. Häufig, wenn auch nicht immer, trifft zunächst eine kleinere Welle oder ein Wellental die Küste. Dann geht das Wasser sogar zurück, bevor die auflaufende Wellenwand die Küste trifft.

M3 *Normale Wellen und Tsunamis im Vergleich*

M4 *Banda Aceh/Indonesien nach der Flut*

Folgen der Katastrophe und Hilfe in der Not

Die Schiffe in Küstennähe wurden alle zerstört. Die Riesenwelle warf die Fischerboote auf das Land. Die Fischer konnten ihre Familien nicht mehr ernähren. Der Tsunami nahm ihnen ihre Lebensgrundlage.
Auch Veranstalter von Schiffsrundfahrten und Tauchausflügen hatten keine Einnahmequelle mehr. Die meisten Menschen in den betroffenen Ländern waren nicht gegen Naturkatastrophen versichert.

M1 *Auswirkungen auf die Fischerei und touristische Einnahmequellen*

Sämtliche Hotels in Strandnähe wurden vom Tsunami durchspült und teilweise zerstört. Die Hotelanlagen sahen aus wie Ruinen. Die Beschäftigten hatten ihre Arbeitsstellen verloren. Ihnen fehlte Geld für Nahrung, Kleidung und den Wiederaufbau ihrer Häuser.
Die Hotels waren meistens gut versichert. Sie wurden neu gebaut. Das brachte Arbeitsplätze – nicht nur in der Bauwirtschaft.

M2 *Auswirkungen auf den Tourismus*

Eltern verloren ihre Kinder, und Kinder wurden zu Waisen oder Halbwaisen. Die meisten Familien hatten kein Dach über dem Kopf mehr. Viele von ihnen konnten in Obdachlosenlagern unterkommen, andere mussten unter freiem Himmel wohnen.
Ein großer Teil der betroffenen Menschen war traumatisiert und entkräftet. Es wird lange dauern, bis die Katastrophe überwunden ist. Ohne Hilfe von außen ist das nicht zu bewältigen.

M3 *Menschen ohne Hoffnung*

Die EU leistete mit über 2 Mrd. Euro ihre bisher höchste Hilfe im Katastrophenfall. Sie arbeitete mit den Regierungen der betroffenen Länder zusammen, um das Geld sinnvoll einzusetzen. Es wurden Mittel zur humanitären Hilfe und zum Wiederaufbau bereitgestellt. Der Grundbedarf der Bevölkerung konnte in vielen Regionen schnell gedeckt werden. Es wurden Notunterkünfte und sanitäre Anlagen errichtet, Lebensmittel und sauberes Wasser beschafft sowie eine ärztliche Versorgung eingerichtet. Die Wiederaufbauhilfe wurde und wird weiterhin zur Erneuerung der **Infrastruktur** und für die Unterstützung der Wirtschaft verwendet.

M4 *Hilfe durch die EU*

Noch immer arbeiten viele Helfer in den vom Tsunami betroffenen Gebieten. Der Pressesprecher von Terre des hommes Deutschland erklärt: „Mit der Hilfe, die wir über unsere einheimischen Partner in Südindien, Aceh und Thailand leisten konnten, sind wir sehr zufrieden. Allerdings wird uns der Wiederaufbau noch Jahre beschäftigen." Das Hilfswerk hat bis Januar 2006 insgesamt 12,6 Mio. Euro an Spenden erhalten. Zunächst wurde die Nothilfe finanziert. Inzwischen wird das Geld für den Wiederaufbau eingesetzt. Es werden Wohnhäuser und Schulen gebaut. Auch konnten über 1000 Fischerboote repariert werden.

M5 *Wiederaufbau mit Terre des hommes*

Die Deutsche Gesellschaft für Technische Zusammenarbeit (GTZ) hilft im Auftrag des Bundesentwicklungsministerium in Sri Lanka, Indonesien und Thailand. Sie arbeitet mit einheimischen Firmen und Fachkräften zusammen. Die Experten der GTZ sprechen die Landessprache der Einheimischen. Sie wollen gemeinsam mit den Menschen vor Ort eine nachhaltige Entwicklung fördern. In Sri Lanka werden beispielsweise die Berufsschulen erneuert. Die GTZ gibt außerdem Schulungen und fördert kleinere Unternehmen. Ihnen soll ein Wiedereinstieg ins Geschäft gelingen, damit langfristig Arbeitsplätze entstehen und erhalten bleiben.

M6 *Entwicklung mit Hilfe der GTZ*

M7 *Kinder in Sri Lanka freuen sich auf die Schule.*

Aufgaben

1 Erläutere, warum es wichtig ist, dass die EU und andere Organisationen in den vom Tsunami betroffenen Gebieten immer noch helfen.

2 Informiere dich im Internet unter www.gtz.de/tsunami über die Tätigkeit der GTZ in Indonesien, Sri Lanka und Thailand. Du findest dort jeweils eine Pdf-Datei zu den Ländern. Schreibe Stichwörter auf.

3 „Nachhaltige Entwicklung" leisten die GTZ, Terre des hommes und andere Hilfsorganisationen. Überlege und notiere, was dieser Begriff bedeutet.

Politiker müssen handeln!

M1 *Verteilung von Hilfsgütern*

Das GFZ will das weltweit schnellste Tsunami-Frühwarnsystem entwickeln. Doch mit Schnelligkeit allein ist es nicht getan. Die US-Weltraumbehörde NASA stellte fest, dass seit 1948 75 Prozent der in den USA und Japan herausgegebenen Warnmeldungen Fehlalarme waren. Wer soll die Warnungen denn da noch ernstnehmen?

M2 *Kommentar einer Tageszeitung*

Aufgaben

1 Politiker geben Tsunami-Warnmeldungen oft nicht an die Bevölkerung weiter. Erläutere und bewerte (M2).

2 Wie beurteilst du ein Warnsystem in Indonesien, das Meldungen zusätzlich zu Rundfunk und Fernsehen per E-Mail und SMS ausgibt?

3 Informiere dich im Internet über die Internationale Frühwarnkonferenz. Was wurde bisher alles erreicht?

Deutsches Tsunami-Frühwarnsystem für Indonesien

Das GeoForschungsZentrum Potsdam (GFZ) gehört zu den weltweit führenden Experten auf dem Gebiet der Früherkennung von Naturkatastrophen. Die Wissenschaftlerinnen und Wissenschaftler arbeiten an einem modernen Tsunami-Frühwarnsystem (Tsunami Early Warning System, TEWS). In Indonesien sollen insgesamt 25 Mess-Stationen aufgebaut werden, die verschiedene Daten übermitteln; zum Beispiel messen sie Erdbebenwellen und den Wasserdruck. Bis zum Jahr 2006 wurden bereits sieben der Mess-Stationen in Betrieb genommen.

Im Falle eines Seebebens werden sämtliche Messdaten über Satelliten zu einem Warnzentrum geführt und ausgewertet. Bei einer Tsunamigefahr werden die Warnmeldungen an Katastrophenschutzbehörden weitergegeben.

Diese übermitteln die Meldungen an die örtlichen Medien zur Verbreitung in der Bevölkerung. Auch die einzelnen Menschen können Tsunami-Warnungen per E-Mail und SMS erhalten, wenn sie ein Warnsystem abonnieren. Nur 13 Minuten nach einem Seebeben sollen die Abonnenten benachrichtigt werden.

Die deutsche Bundesregierung stellt für die Entwicklung und Installierung des Frühwarnsystems im Indischen Ozean 45 Mio. Euro zur Verfügung.

M3 *Tagung zur Dritten Internationalen Frühwarnkonferenz (EWC III) im März 2006 in Bonn. Über 1400 Regierungsvertreter und Fachleute aus 137 Ländern informierten sich über Frühwarnsysteme für Naturkatastrophen, unter anderem der ehemalige US-Präsident Clinton und der deutsche Außenminister Steinmeier. Erstellt wurde eine Liste von Verfahren, die bereits in einigen Ländern funktionieren. Diese sollen nun in andere Länder übertragen werden.*

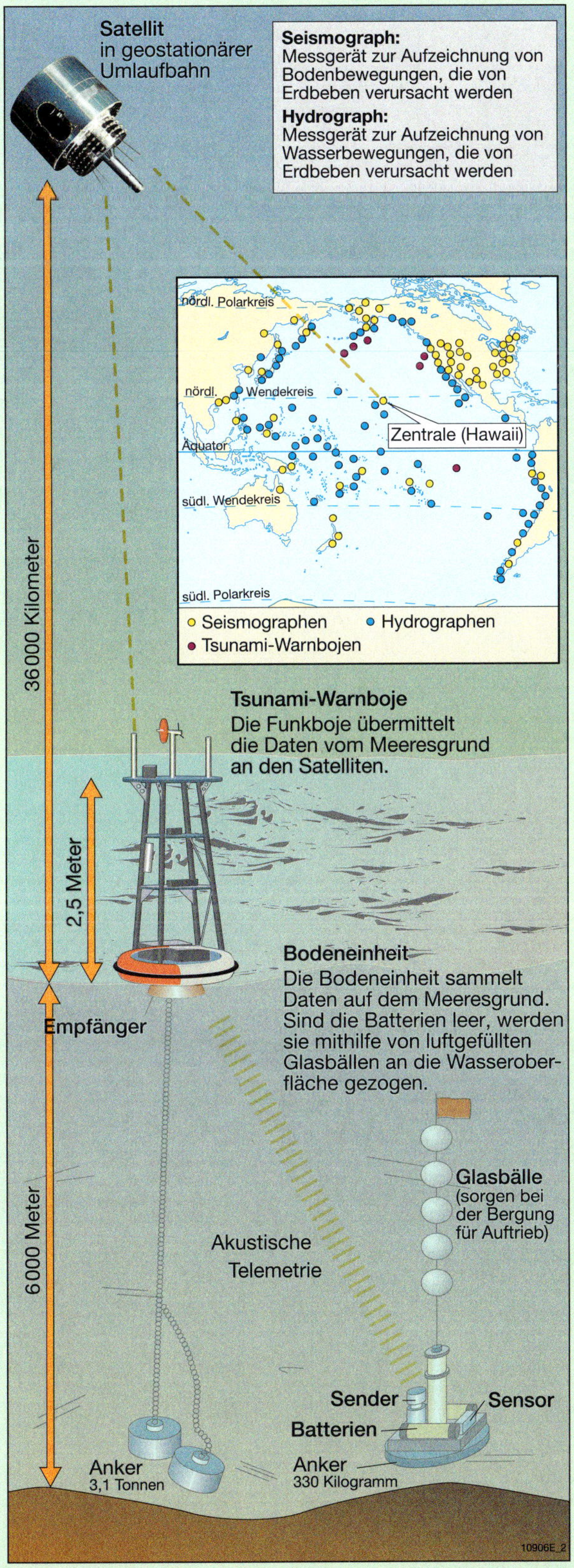

Das Tsunami-Frühwarnsystem im Pazifik

Im Pazifischen Ozean existiert bereits ein Tsunami-Warnsystem: Ein Netz von Sensoren am Meeresboden misst ständig alle Veränderungen im Meeresboden und meldet die Daten über Satellit an das zentrale Pacific Tsunami Warning Center (PTWC) auf Hawaii. Dieses wertet die Daten laufend aus und kann innerhalb von 20 bis 30 Minuten eine Tsunami-Warnung verbreiten.

Die Pazifik-Anrainerstaaten haben ein gut funktionierendes Kommunikationssystem eingerichtet und regionale Notstandspläne entwickelt. Deshalb besteht bei einem drohenden Tsunami eine realistische Chance, das Schlimmste zu verhindern. Auch wenn ein Tsunami sich im Extremfall mit bis zu 900 km/h ausbreitet, bleibt noch Zeit, die Menschen in den bedrohten Küstenstreifen zu evakuieren – zumindest dann, wenn das Epizentrum des Bebens weit entfernt liegt und die Laufzeiten der Wellen noch mehrere Stunden betragen.

M4 *In der Zentrale auf Hawaii*

Deutschland – von 1945 bis heute

◀ **M1** *Vor dem Brandenburger Tor in Berlin 1945 und heute*

Aachener Nachrichten

Erscheint jeden Mittwoch
Einzelpreis 20 Pfennig

Wöchentliche Zeitung für die Aachener Gegend

Bankkonto: Kreissparkasse Aachen Nr. 2371 – Tel.: Geschäftsstelle Nr. 285.

1. Jahrgang Nr. 16

Herausgegeben mit Genehmigung der Alliierten Militärbehörde

(Sonderausgabe) 9. Mai 1945

Kampfhandlungen 0^{01} Uhr beendet

Der König von England sprach

London, 8. Mai. — Der König sprach Dienstag abend zu den Völkern des Weltreiches. Er sagte unter anderem:

Churchill gab das Ende des Krieges in Europa bekannt

London, 9. Mai. – Premierminister Churchill verkündete

Die Fahnen der Freiheit wehen über ganz Europa

Washington, 8. Mai. — Präsident Truman sagte: „Dies ist ein feierlicher und ruhmvoller Augenblick. Mein einziger Wunsch

M1 *Aachener Nachrichten vom 9. Mai 1945*

Die Stunde „Null"

Am 8. Mai 1945 war der Zweite Weltkrieg in Europa zu Ende. Deutschland hatte den Krieg verloren. Vor allem in den Großstädten bot sich ein Bild der Verwüstung. Bomben hatten Straßen, Häuser, Bahnhöfe, Schienen und Fabriken zerstört. Es gab keine Straßenschilder und kaum bekannte Gebäude. Kriegsheimkehrer irrten oft hilflos durch die Straßen ihrer Heimatstadt. Wo früher Restaurants, Geschäfte, Kirchen, Wohnhäuser, Schulen und Parks waren, fanden sie Schuttberge und Ruinen.

Aufgabe

1 Welche Gedanken gingen wohl einem Kind in M2 durch den Kopf, als die Sieger in die Stadt einzogen?

M2 *Einmarsch der Amerikaner in Nürnberg*

Eindrücke zum Kriegsende – Emotionen weltweit

Als der Krieg in Europa zu Ende war, wusste in Deutschland niemand, wie es weitergehen würde. Während die Menschen in Frankreich, Großbritannien und den USA ihren Sieg feierten, wurde das Ausmaß der Gräueltaten des Naziregimes erst vollends aufgedeckt. Die Bevölkerung kämpfte ums Überleben. Im August ergab sich auch Japan als ehemaliger Verbündeter Hitlers nach dem Abwurf der amerikanischen Atombomben auf Hiroshima und Nagasaki den Amerikanern. Wie man in Deutschland, Europa oder in Übersee auf das Kriegsende reagiert hat, zeigen die Momentaufnahmen aus dem Jahr 1945.

Aufgabe

2 a) Beschreibt möglichst genau die Emotionen, die ihr auf den Bildern seht (M3 bis M8).
b) Tragt Fakten aus den Jahren 1933 bis 1945 zusammen, ordnet sie und erstellt ein Wissenslexikon.

M3 *Ostpreußischer Flüchtlingstreck auf dem Weg nach Deutschland*

M6 *Deutsche Kriegsgefangene in einem Lager bei Regensburg*

M4 *Siegesparade in Paris*

M7 *Heimkehr eines sowjetischen Soldaten*

M5 *Befreite Häftlinge im KZ Dachau*

M8 *Siegesfeier auf dem Times Square in New York*

Die Besatzungszonen

M1 *Entwurf für ein Siegerdenkmal*

Die Sieger teilen Deutschland auf

Der Zweite Weltkrieg war in Europa am 8. Mai 1945 zu Ende. Die **Alliierten** USA, UdSSR, Großbritannien und Frankreich hatten als **Siegermächte** den Krieg gewonnen. Deutschland hatte den Krieg verloren. Die Alliierten teilten das ehemalige Deutsche Reich in vier **Besatzungszonen** auf. Jede Siegermacht verwaltete und kontrollierte ihre Zone. Die Alliierten hatten zwar den Sieg gemeinsam errungen, verfolgten jedoch unterschiedliche Interessen. Der britische Premierminister Churchill fürchtete, dass Stalin (Staatschef der Sowjetunion) die sowjetische Besatzungszone (Ostzone) in seinen Machtbereich eingliedern würde. Deshalb drängte er Truman (Präsident der USA) und Stalin zu einer gemeinsamen Konferenz. Sie fand im August 1945 in Potsdam statt. Die Beschlüsse, die dort für die Zukunft Deutschlands getroffen wurden, sind im so genannten **Potsdamer Abkommen** zusammengefasst. Bald jedoch führten die politischen Gegensätze zwischen den USA, Frankreich und Großbritannien einerseits und der UdSSR andererseits zu unterschiedlichen Entwicklungen in den Besatzungszonen.

M2 *Neugründungen der Länder*

Aufgaben

1 a) Nenne Gründe, die zur Teilung Deutschlands führten.
b) Überlege, welches gemeinsame Ziel die Siegermächte hauptsächlich verfolgten.

2 a) Wer wird in M1 dargestellt?
b) Warum blicken die Köpfe in verschiedene Richtungen?

3 Erstelle eine Tabelle: Besatzungszonen – Länder heute.

4 Erkläre mit Hilfe des Textes, warum in der Karte M2 die Grenze zwischen den westlichen Besatzungszonen und der östlichen Besatzungszone besonders gekennzeichnet ist.

M3 *Kinder winken während der Berlinblockade einem „Rosinenbomber" zu.*

M4 *Westberlin – „Insel" in der Ostzone*

Kampf um Berlin

Die alte Reichshauptstadt Berlin lag zwar in der sowjetischen Besatzungszone, die Siegermächte hatten sich jedoch darauf geeinigt, auch Berlin in vier Sektoren zu unterteilen. Das heißt, mitten in der sowjetischen Zone lag eine britisch-französisch-amerikanische Insel. Die sowjetische Zone nannte man Ostberlin, die Zone der Alliierten Westberlin. Westberlin wurde hauptsächlich vom Westen aus mit lebensnotwendigen Gütern versorgt. Aber immer häufiger kam es zu Störungen durch die sowjetischen Besatzer auf den Zufahrtswegen: Züge wurden angehalten, Passagiere zurückgeschickt, Binnenschiffe erreichten ihr Ziel nicht. Als Begründung dienten offiziell fehlende oder unvollständige Formulare. Am 23. Juni 1948 kam es zur völligen **Berlinblockade**.

Die einzig vertraglich abgesicherten Verbindungen nach Westberlin waren die drei Luftkorridore von Hamburg, Hannover und Frankfurt aus. So beschlossen die USA und Großbritannien, Berlin über eine **Luftbrücke** zu versorgen. Im Dreiminutentakt landeten Flugzeuge mit den notwendigsten Gütern aus dem Westen in Berlin. An einem Tag wurden zum Beispiel in 24 Stunden mit 1398 Flügen 12940 Tonnen Lebensmittel und andere Güter in die blockierte Stadt geflogen. Die Berliner nannten die Flugzeuge liebevoll „Rosinenbomber".

Nach zähen Verhandlungen der Alliierten wurde die Blockade am 12. Mai 1949 beendet. Es war Stalin nicht gelungen, die Westmächte aus Berlin zu vertreiben. Berlin blieb eine geteilte Stadt. Die Luftbrücke wurde bis zum 6. Oktober 1949 aufrecht erhalten.

Aufgaben

5 a) Warum wollte Stalin die Westmächte aus Berlin vertreiben?
b) Warum wollten die Westmächte unbedingt in Berlin bleiben?

6 Der Luftbrücke wurden auf Grund ihrer Einmaligkeit mehrere Denkmäler gesetzt. Finde mit Hilfe einer Suchmaschine im Internet heraus, wo sich diese befinden.

Internet-Recherche

Die Berliner Luftbrücke – im Internet recherchiert

Um aktuelle und reichhaltige Informationen zu einem Thema über das Internet auf den Bildschirm holen zu können, brauchen wir:

- einen Computer,
- eine Verbindung zum Internet (mit Modem, ISDN oder DSL),
- eine Browser-Software.

M1 *Luftbrücke im Internet-Katalog*

M2 *Entladung der Flugzeuge in Berlin-Tempelhof*

Info

Begriffe aus dem Internet

Katalog
In einem Katalog wurden die aufgelisteten Seiten von Redakteuren auf ihren Inhalt überprüft oder bestimmten Themen zugeordnet. Deshalb liegen die gefundenen Seiten meistens wesentlich näher am Thema, als das bei Suchmaschinen der Fall ist.

Wichtige Kataloge:
www.yahoo.de
www.web.de

Linkliste
Das Suchergebnis in einem Katalog ist eine Linkliste. In einer Linkliste kannst du durch das Klicken auf die optisch hervorgehobenen Adressen oder Namen direkt in eine neue Seite springen.

Suchmaschine
Suchmaschinen schicken Programme durch das Internet, die sich durch die verschiedenen Seiten wühlen und das Suchergebnis an eine Datenbank melden. Diese Suchmaschinen funktionieren automatisch und liefern deshalb nicht immer die besten Ergebnisse.

Wichtige Suchmaschinen:
www.google.de
www.fireball.de
www.altavista.de

Wikipedia-Lexikon
www.wikipedia.de
Wikipedia ist ein Internet-Lexikon, in dem jeder einen Beitrag schreiben kann, ohne dass dieser auf Richtigkeit überprüft wird. Anders als herkömmliche Lexika im Internet ist Wikipedia kostenlos. Außerdem darf jeder die Beiträge mit Angabe der Quelle und der Autoren frei kopieren und verwenden.

Suchmaschinen

Mit Hilfe einer Suchmaschine kannst du das Internet nach Begriffen durchsuchen.

1. Die Sprache auswählen
Wenn du in deutscher Sprache nichts findest, kannst du versuchen, den englischen Begriff einzugeben (Wörterbuch!).

2. Den Suchbegriff eingeben

3. Keine Angst vor vielen Treffern
Häufig meldet die Suchmaschine sehr viele Treffer. So lieferte eine Suchmaschine zum Suchwort „Luftbrücke" 341 000 Einträge. Kein Mensch kann das alles ansehen oder verarbeiten. Die „besten" Treffer werden zuerst angezeigt. Bei der Detailsuche kannst du dir die Seiten nach Datum ausgeben lassen.

4. Die Suche verfeinern
In einigen Suchmaschinen, wie zum Beispiel Google, kannst du auch zwei oder drei Begriffe eingeben. Es erscheinen dann nur noch Links, die alle diese Begriffe enthalten. In anderen Suchmaschinen muss man die verschiedenen Begriffe mit „und" verbinden.

5. Die Ergebnisse speichern (Festplatte, USB-Stick)
So kannst du zu einem späteren Zeitpunkt die gefundenen Seiten lesen und verarbeiten. Dazu musst du dann nicht mit dem Internet verbunden sein, sparst also mitunter teure Online-Zeit.

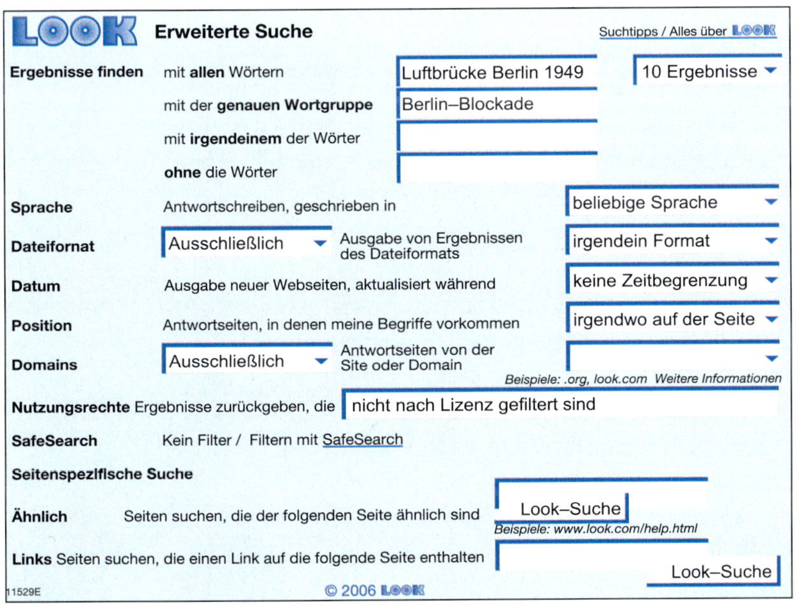

M3 *Erweiterte Suche mit einer Suchmaschine*

Schlagzeilen/Zeitungen
Aktuelle Berichterstattungen zu historischen Ereignissen können nicht im Schulbuch behandelt werden. Zeitungen berichten täglich. Die Zeitungen kannst du auch im Internet lesen – nach Themen sortiert.

Schlagzeilen:
Mit Nachrichten-Suchmaschinen können aktuelle Zeitungsberichte im Internet gefunden werden. Unter diesen Adressen kannst du ein Stichwort eingeben und bekommst die neuesten Nachrichten zu dem eingegebenen Thema in deutscher Sprache. Aktueller geht es nicht!

www.paperball.de
news.lycos.de
www.(Katalogname).de/search/news.de
www.newscan-online.de

Zeitungen:
Du kannst die meisten großen Tageszeitungen in Deutschland auch „online" erreichen.

Süddeutsche Zeitung
www.sueddeutsche.de

Frankfurter Allgemeine Zeitung
www.faz.net

Handelsblatt
www.handelsblatt.de

Stuttgarter Zeitung
www.stuttgarter-zeitung.de

Eine reine Online-Zeitung ist die Netzzeitung.
www.netzzeitung.de

Die doppelte Staatsgründung

Aufgaben

1 Beschreibe den Werdegang beider deutscher Staaten.

2 Formuliere treffende Aussagen zu den Wahlen in Ost und West (M3, M4 und M9).

3 In welchem Teil Deutschlands hingen die beiden Wahlplakate von 1949 (M4, M9)? Begründe.

4 a) Finde heraus, ob der Artikel 20 auch in der Verfassung der DDR stehen könnte (M7). Begründe.
b) Überprüfe die Anweisungen in M3. Inwieweit widersprechen sie demokratischen Wahlen?

Flagge der Bundesrepublik Deutschland

Flagge der DDR

5 Vergleiche die Aussagen in M5 und M6.

6 a) Zu wem könnte Ulbricht den Satz in M10 gesagt haben?
b) Was hältst du von einem Staatsmann, der solche Ansichten vertritt?

Aus vier mach zwei

Die Konflikte in den vier Besatzungszonen, die sich durch die Berlinblockade angedeutet hatten, eskalierten. Die Sieger konnten sich nicht einigen, wie Deutschland künftig regiert werden sollte. Die Sowjetunion entfernte sich immer mehr von den Westmächten. 1949 wurden zwei deutsche Staaten gegründet: am 23. Mai die Bundesrepublik Deutschland und am 7. Oktober die Deutsche Demokratische Republik.

Wie kam es dazu?

Die unterschiedlichen Interessen zwischen den Alliierten nach Kriegsende werden an folgendem Beispiel deutlich: Amerikaner und Briten entließen unmittelbar nach Kriegsende ihre Gefangenen. Die Sowjetunion benötigte dringend Arbeitskräfte und hielt ihre Kriegsgefangenen noch Jahre in Lagern fest.

Vor allem die Amerikaner verfolgten das Ziel, Deutschland so schnell wie möglich zu wirtschaftlichem Aufschwung und politischer Selbstständigkeit zu verhelfen. Sie beauftragten deshalb einen Parlamentarischen Rat, für die westlichen Besatzungszonen eine Verfassung nach amerikanischem Vorbild auszuarbeiten. Am 23. Mai 1949 verkündete Konrad Adenauer, der Vorsitzende des Parlamentarischen Rates, das Grundgesetz. Am 14. August wählte das Volk in Westdeutschland den ersten Bundestag. Damit war die Gründung der **Bundesrepublik Deutschland** vollzogen.

M1 *Konrad Adenauer*

Die Sowjets setzten in ihrer Zone deutsche Kommunisten als Führungskräfte ein, die vor der Naziherrschaft nach Moskau geflohen und nach Kriegsende wieder zurückgekommen waren. Besondere Bedeutung beim Aufbau des ostdeutschen Staates kam Walter Ulbricht zu. Er war Vorsitzender der neu gegründeten SED (Sozialistische Einheitspartei Deutschlands). Die Verwaltung wurde von der Sowjetunion straff nach kommunistischem Vorbild gelenkt. Nach der Gründung der **Deutschen Demokratischen Republik** am 7. Oktober hatten die Menschen bei der ersten Wahl zur Volkskammer nur die Möglichkeit, der Einheitsliste zuzustimmen oder sie abzulehnen.

M2 *Walter Ulbricht*

In allen Wahllokalen ist dafür zu sorgen, dass Kabinen vorhanden sind. Wo diese stehen und wie diese beschaffen sind, ist gleichgültig: Ihr versteht mich doch? Es ist darauf zu achten, dass kein Wähler in die Kabinen hineingeht. Geht er trotzdem hinein, so wird er dort keinen Bleistift vorfinden. Bleistifte liegen nur auf dem Tisch des Wahlvorstandes aus. Es ist nicht möglich gewesen, Briefumschläge für die Stimmzettel zu besorgen. Bei der morgigen Abstimmung ist das auch gar nicht nötig. Die Stimmzettel dürfen nicht gefaltet werden, sie sind offen dem Wahlvorstand zu übergeben. Wie die Zettel ausgefüllt werden, brauche ich euch nicht zu erklären. Es gibt gar keine Möglichkeit, sie falsch auszufüllen.

(Nach Harm Mögenburg: Kalter Krieg und Wirtschaftswunder. Die Fünfziger Jahre im geteilten Deutschland (1949–1961). Frankfurt 1993, S. 174f.)

M3 *Vertrauliche Anweisungen eines SED-Kreisvorsitzenden vor der Wahl*

M4 *SPD-Plakat 1949*

Artikel 20

(1) Die Bundesrepublik Deutschland ist ein demokratischer und sozialer Bundesstaat.
(2) Alle Staatsgewalt geht vom Volke aus. Sie wird vom Volke in Wahlen und Abstimmungen und durch besondere Organe der Gesetzgebung, der vollziehenden Gewalt und der Rechtsprechung ausgeübt.
(3) Die Gesetzgebung ist an die verfassungsmäßige Ordnung, die vollziehende Gewalt und die Rechtsprechung sind an Gesetz und Recht gebunden.

M7 *Aus dem Grundgesetz*

M9 *CDU-Plakat 1949*

Adenauer sagte vor dem deutschen Bundestag am 21.Oktober 1949: „... Die Bundesrepublik Deutschland stützt sich auf die Anerkennung durch den frei bekundeten Willen von rund 23 Millionen stimmberechtigten Deutschen. Die BRD ist somit bis zur Erreichung der deutschen Einheit insgesamt die alleinige legitimierte staatliche Organisation des deutschen Volkes..."

(Nach Rüdiger Marco Booz: Hallsteinzeit. Deutsche Außenpolititk. Bonn 1997, S. 19)

M5

Gültige Stimmen	23 732 398
Wahlbeteiligung (in %)	78,5
Mandatsanteil (in %)	
CDU/CSU	34,6
SPD	32,8
FDP	12,9
KPD	3,7
Bayernpartei	4,2
Deutsche Partei	4,2
Zentrum	2,5
Wirtschaftliche Aufbauvereinigung	3,0
Deutsche Rechts-Partei	1,2
Südschleswigscher Wählerverband	0,2
Splitterparteien	––
Unabhängige Kandidaten	0,5

M8 *Ergebnis der Bundestagswahl vom 14.8.1949*

Walter Ulbricht sagt über den Aufbau der Verwaltung in der DDR: „... Es muss demokratisch aussehen, aber wir müssen alles in der Hand haben ..."

(Nach Hildegard Baumgart (Hrsg.): Briefe aus einem anderen Land. Briefe aus der DDR. Hamburg 1971, S. 287/295)

M10

Gültige Stimmen	12 131 165
Für die Einheitsliste d. Nationalen Front	12 097 105 (99,7 %)
Dagegen	34 060 (0,3 %)

M11 *Ergebnis der Volkskammerwahl*

DDR-Staatspräsident Pieck sagte am 11. Oktober 1949 bei seiner Antrittsrede: „... Diese Regierung, die die Interessen des gesamten deutschen Volkes wahrnimmt und die Legitimation besitzt, für das ganze deutsche Volk zu sprechen, wird durch ihre Arbeit den Kampf um den Frieden, um die nationale Einheit Deutschlands und die wirtschaftlichen Beziehungen zwischen Ost und West auf einer höheren Ebene fortsetzen und zum Siege führen ..."

(Nach Katrin Pieper (Hrsg.): Um sechs Uhr steh ich auf. Kinder aus der DDR erzählen. Reinbek 1984)

M6

5572E_2

M1 *Plakat aus der Bundesrepublik Deutschland zum 17. Juni 1953*

Aufstand gegen die DDR-Führung

In beiden deutschen Staaten arbeiteten die Menschen hart. Alle wollten ein Leben im Wohlstand führen. Dieses Ziel wurde im Westen sehr viel schneller erreicht als im Osten. Während das Warenangebot im Westen nahezu alle Bedürfnisse erfüllte, gab es im Osten immer noch Lebensmittelkarten für Fett, Fleisch und Zucker. Das stundenlange Schlangestehen vor den Läden gehörte zum Alltag. Der Glaube an die Vorteile der Planwirtschaft geriet ins Wanken. Hunderttausende Arbeiter, Bauern, Akademiker verließen mit ihren Familien die DDR und zogen in die Bundesrepublik.

Am 17. Juni 1953 kam es in fast 300 Orten der DDR zu einem Aufstand. Die Regierung hatte verlangt, dass jeder Industriebetrieb zehn Prozent mehr produzierte. Für die Arbeiter bedeutete das mehr Arbeit ohne Lohnerhöhung. Die über 300 000 protestierenden Arbeiter forderten die Rücknahme der Leistungserhöhung, freie Wahlen und den Rücktritt der Regierung. Die DDR-Staatsführung war hilflos. Deshalb schlugen sowjetische Soldaten die Aufstände der unbewaffneten Demonstranten mit Waffen und Panzern nieder. 400 Menschen starben, mehr als 1000 kamen ins Gefängnis.

Als Reaktion auf den Aufstand und die anhaltende Abwanderung sicherte die DDR-Führung die Staatsgrenze zur Bundesrepublik mit Stacheldraht, Minenfeldern und Wachtürmen. Jede Flucht war nun lebensgefährlich. Soldaten bewachten die Grenze und hatten den Befehl, auf Flüchtlinge zu schießen. In der Bundesrepublik Deutschland wurde der 17. Juni als **Tag der Deutschen Einheit** zum Nationalfeiertag.

M2 *Aufstand in Ostberlin am 17. Juni 1953*

Die Staatssicherheit ging über alles

Ende der 1950er Jahre ging es auch im Osten den Menschen allmählich wirtschaftlich besser. Trotzdem war der Lebensstandard nicht vergleichbar mit dem im Westen. So versuchten noch immer viele Menschen, in den Westen zu gelangen. Um zu verhindern, dass die DDR immer mehr Menschen an den Westen verlor, brauchte sie ein System der totalen Kontrolle und Überwachung. Nach russischem Vorbild bekam das Ministerium für Staatssicherheit besondere Bedeutung. Neben den offiziellen Mitarbeitern der „Stasi" gab es auch tausende, die als Informanten tätig waren. Jeder Nachbar, Freund, Verwandte, Mitarbeiter, Vorgesetzte konnte ein Stasi-Mitarbeiter sein. Die „Stasi" hörte alles, sah alles, wusste alles.

Quelle

Bericht der Tochter eines Stasi-Mitarbeiters

„Mein Vater war Mitarbeiter der Stasi. Er war übereifrig. Er hatte eine richtige Sucht. Zur (Leipziger) Messe überprüfte er Westautos. Kontrollierte dann, ob sie auch vor dem Haus standen, in dem sie angemeldet wurden. Wenn nicht, überprüfte er, ob es noch andere – nicht angegebene – Kontakte gab. Genauso in unserem Ungarn-Urlaub. Da sprang er am Strand herum und machte sich Notizen, welcher DDR-Bürger mit welchen Westdeutschen in Kontakt stand. Irgendeinen Frisör aus Erfurt traf er jedes Jahr an. Immer mit demselben Westdeutschen. Das hat er weitergeleitet und überprüfen lassen. Der hat sich selbst kaputt gemacht."

(Nach Dierk Hoffmann, Karl-Heinz Schmidt, Peter Skyba (Hrsg.): Die DDR vor dem Mauerbau. Dokumente zur Geschichte des anderen deutschen Staates. München/Zürich 1993, S. 291 f.)

Selbst vor berühmten Schriftstellern machte die Stasi nicht halt: Am 26. November 1976 wurde über den Schriftsteller Robert Havemann Hausarrest verhängt. Bis zu 200 Polizisten sorgten dafür, dass er sein Grundstück nicht verließ, dass er keine Freunde oder gar westliche Journalisten empfangen konnte.

Wegen angeblicher Zollvergehen durchsuchten Beamte sein Haus, schraubten Radio, Lautsprecher und Steckdosen auf, ohne zu sagen, was sie eigentlich suchten. Sie beschlagnahmten alles, was er für seinen Beruf brauchte: Schreibmaschine, Tonbandgerät, Kassettenrekorder, Unterlagen und Briefe. Die Postzustellung wurde unterbunden.

Zusätzlich brachten die Stasi-Männer auf dem Nebengrundstück Scheinwerfer an, die nachts grell in die Fenster seines Hauses leuchteten. Zweieinhalb Jahre musste Havemann in seinem Privatgefängnis verbringen.

Aufgaben

1 Nenne die Ursachen des Aufstandes am 17. Juni 1953.

2 a) Überlege, welche Auswirkungen das Kontrollsystem der Stasi auf die Bürger hatte.
b) Diskutiert darüber, wie ihr euch verhalten würdet, wenn ihr in einem Überwachungsstaat leben müsstet.

3 Finde eine Unterschrift und treffende Aussagen zu der Grafik rechts unten.

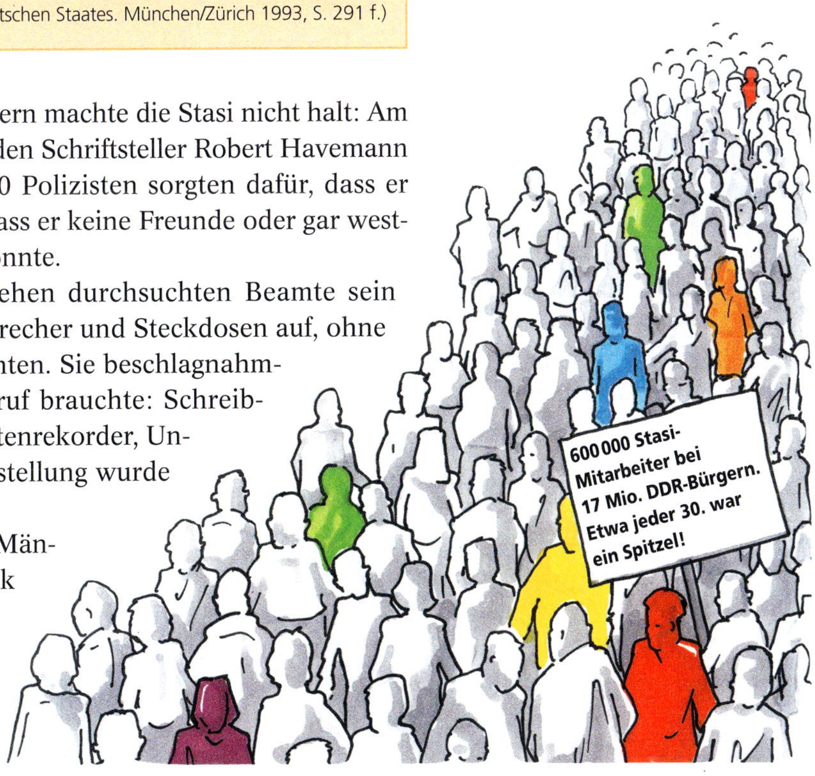

Interview mit Zeitzeugen

M1 *Übermaltes Nationalitätenkennzeichen für Kraftfahrzeuge der DDR*

M2 *Grenzübergang nach der Maueröffnung am 9.11.1989 mit zahlreichen Zeitzeugen (Invalidenstraße)*

Zeitzeugen befragen

1. Themenwahl
Entscheidet euch für ein Thema und überlegt, warum es besonders sinnvoll erscheint, hierzu Zeitzeugen zu befragen.

2. Geeignete Zeitzeugen auswählen
Überlegt zunächst, welche Menschen aus eurer Familie oder aus eurem Bekanntenkreis befragt werden könnten. Zeitzeugen findet ihr auch in Vereinen, Parteien und anderen Organisationen.

3. Zeitzeugen einladen
Verfasst rechtzeitig eine höfliche Einladung und begründet, warum ihr Zeitzeugen befragen wollt.

4. Fragen an die Zeitzeugen erarbeiten
Sucht nach Fragen, die wirklich nur ein Zeitzeuge beantworten kann und die euch auch interessieren. Vermeidet Fragen, die man mit „Nein" oder „Ja" beantworten kann.

5. Die Befragung durchführen
Besorgt euch ein Aufnahmegerät und einen Notizblock, damit ihr die Gedanken der Zeitzeugen festhalten könnt. Hört geduldig zu und bleibt höflich.

6. Dokumentation
Gestaltet mit den Ergebnissen ein Schaubild. Ordnet dabei den Fragen die entsprechenden Antworten stichpunktartig zu. Hebt Interessantes und Überraschendes besonders hervor.

Info

Zeitzeugen
Zeitzeugen sind Menschen, die ein geschichtliches Geschehen selbst miterlebt haben. Mit der Befragung eines Zeitzeugen kann Geschichte sehr lebendig werden. Es wird auch deutlich, wie unterschiedlich ein Ereignis beurteilt und empfunden werden kann. Bei geschichtlichen Themen der jüngsten Vergangenheit kannst du selbst zum Geschichtsforscher werden, indem du Zeitzeugen befragst.

M3 *Mauerbau am 13. August 1961*

1. Wie erlebten Sie den Tag, als 1961 in der DDR die Grenzen zur Bundesrepublik Deutschland geschlossen wurden?

2. Wie ging es Ihnen, als 1989 die Grenzen geöffnet wurden und die Mauer fiel?

3. Was empfanden Sie bei der Wiedervereinigung Deutschlands?

4. Welche positiven und welche negativen Erinnerungen haben Sie an die DDR?

5. …

M4 *Mögliche Fragen an Zeitzeugen der ehemaligen DDR*

Quelle

Bericht der Zeitzeugin Christel Dux aus Berlin, geb. 1948

„Im August 1961 war meine Cousine Inge gerade mit ihrem Verlobten in Berlin. Sie wollten dort ein paar Tage Urlaub machen. Da wir nur eine Zweizimmerwohnung hatten (ich schlief mit meinen Eltern zusammen) konnten wir nur Inge bei uns aufnehmen.
Wir schliefen schon alle, als es nach Mitternacht bei uns klingelte. Erstaunt schaute Mutti durch den Spion und sah Inges Verlobten vor der Tür stehen. Als sie öffnete, stand ein völlig verwirrter Klaus vor ihr. ‚Alles ist abgesperrt, und man kommt nicht mehr durch, ich habe es bei drei Übergängen versucht.' Papa, Inge und ich kamen nun auch schlaftrunken aus dem Bett. Wir verstanden nur immer ‚Bahnhof'; er stammelte etwas von nicht mehr durchkommen, Soldaten und Stacheldraht. Nun wollten wir es genau wissen. Wir gingen zusammen ins Wohnzimmer und hörten zu, was Klaus uns erzählte:
‚Ich brachte Inge zu euch und wollte dann zu meiner Schwester fahren, kam aber an der Friedrichstraße und anderen Sektorengrenzen nicht mehr durch. Überall steht die Volksarmee, und sie ziehen Stacheldrahtverhaue hoch. Es war ein gewaltiger Schock für mich, denn wie ihr euch bestimmt erinnern könnt, sprach vor einiger Zeit Ulbricht im Radio. Noch heute höre ich ihn sagen, dass niemand die Absicht habe, eine Mauer zu bauen, schließlich habe die Bevölkerung der Deutschen Demokratischen Republik etwas anderes zu tun, als eine Mauer zu bauen.
Dann sah ich, wie die Leute flüchteten, sie sprangen vor Verzweiflung aus dem Fenster, sicher oft in den Tod.'"

(Nach: ww.dhm.de/lemo/forum/kollektives_gedaechtnis/020/index.html)

Aufgaben

1 Betrachte M3. Was könnten die Menschen diesseits und jenseits der Mauer empfinden?

2 Betrachte M2. DDR-Bürger dürfen nach vielen Jahren wieder ungehindert in den Westen reisen. Was bedeutet das für sie?

3 Sucht weitere Fragen, die ihr ehemaligen DDR-Bürgern stellen könnt. (www.ddr-zeitzeugen.de www.dhm.de/lemo)

Entspannungsbemühungen

M1 *Willy Brandt, SPD, Bundeskanzler (1969–1974)*

„Von einem geregelten Nebeneinander zu einem Miteinander"

Bis Ende der 1960er-Jahre gab es nur wenig Kontakte zwischen der Bundesrepublik Deutschland und der DDR. Für Deutsche aus Ost und West war es kaum möglich, sich gegenseitig zu besuchen. Generell durften Bürger der DDR nicht ausreisen, nur Rentner konnten Verwandte in der Bundesrepublik besuchen. Viele jüngere DDR-Bürger versuchten unter Lebensgefahr, das Land zu verlassen. Bürgern der Bundesrepublik war es einmal im Jahr erlaubt, in die DDR zu fahren, und zwar in einen zuvor festgelegten Landkreis. Das Auto konnten nur Geschäftsleute benutzen. An den Grenzen gab es häufig unnötige Schikanen: stundenlanges Warten, Durchsuchung von Autos und Gepäckstücken, Beschlagnahmung von Waren, Verweigerung der Einreise aus nichtigem Grund, zum Beispiel weil das Passbild veraltet war oder die Frisur sich geändert hatte.

1969 bildeten SPD und FDP eine Koalitionsregierung. Willy Brandt (SPD) wurde Bundeskanzler und Walter Scheel (FDP) Außenminister. Während ihrer Amtszeit trugen beide Politiker entscheidend zur Entspannung zwischen der Bundesrepublik und der DDR bei. Es war eine Zeit der gesellschaftlichen und politischen Aufbruchstimmung. Viele junge Leute lehnten die Lebensweise der älteren Generation ab. Sie sahen zum Beispiel die Institution Ehe als veraltet an und gründeten Wohngemeinschaften. Kinder wurden oft ohne Zwang, das heißt antiautoritär, erzogen. Die Menschen zeigten ihr Interesse an politischen Entscheidungen und gründeten Bürgerinitiativen, zum Beispiel gegen Atomkraftwerke. Mitbestimmung und Demokratie wurden groß geschrieben, jeder konnte frei seine Meinung äußern. Demonstrationen waren an der Tagesordnung.

Aufgabe

1 Stelle Gründe zusammen, warum Menschen unter Lebensgefahr aus der DDR geflüchtet sind.

> „Aufgabe der praktischen Politik … ist es, die Einheit der Nation dadurch zu wahren, dass das Verhältnis zwischen den Teilen Deutschlands aus der gegenwärtigen Verkrampfung gelöst wird. … Zwanzig Jahre nach Gründung der Bundesrepublik Deutschland und der DDR müssen wir ein weiteres Auseinanderleben … verhindern, also versuchen, über ein geregeltes Nebeneinander zu einem Miteinander zu kommen."

M2 *Willy Brandt: Regierungserklärung vom 28.10.1969*

M3 *Kanzler Willy Brandt legt am 7.12.1970 in Warschau einen Kranz für die Opfer des Nationalsozialismus nieder.*

Verträge zwischen Ost und West – Entspannung

Während der Regierungszeit Willy Brandts kam es zu einer Reihe von Gesprächen mit der DDR und der Sowjetunion. Sie führten zu folgenden Verträgen:

• **Ostverträge** (1970) zwischen der Bundesrepublik Deutschland und der Sowjetunion bzw. Polen: Die Länder verzichten in Zukunft auf Gewaltanwendung. Sie erkennen die bestehenden Grenzen in Europa an, unter anderem die Oder-Neiße-Linie als Westgrenze Polens und die Grenze zwischen der Bundesrepublik Deutschland und der DDR.

• **Viermächte-Abkommen über Berlin** (1971) zwischen den USA, Großbritannien, Frankreich und der Sowjetunion: Die UdSSR garantiert den freien Zugang zwischen der Bundesrepublik Deutschland und Westberlin und bestätigt die rechtmäßige Anwesenheit der Westmächte in der Stadt.

• **Grundlagenvertrag** (1972) zwischen der Bundesrepublik Deutschland und der DDR: Beide Staaten erkennen sich als gleichberechtigt an, verpflichten sich, ihre Beziehungen zu verbessern, bekräftigen die Unverletzbarkeit ihrer gemeinsamen Grenze und versprechen, Streitfragen friedlich zu lösen.

Diese Verträge hatten vor allem für die Menschen in der Bundesrepublik Deutschland positive Auswirkungen. Es waren jetzt zum Beispiel mehrere Reisen in die gesamte DDR pro Jahr erlaubt, man konnte mit dem Pkw fahren. Auch DDR-Bürger durften in dringenden Familienangelegenheiten in die Bundesrepublik reisen, allerdings immer nur ein Familienmitglied.

M4 *Unterzeichnung der Ostverträge in Moskau*

M5 *Wiedersehen nach Jahren*

Aufgaben

2 M3 wird auch „der Kniefall" genannt und ging 1970 durch die Weltpresse.
a) Vergleiche Bilder von Kranzniederlegungen anderer Staatsmänner (z. B. Internet).
b) Erkläre, was an der Haltung Willy Brandts so bedeutsam war.

3 Informiere dich über die Ostpolitik Willy Brandts:
a) Lies M2 und die Texte. Schildere die Situation zwischen den beiden Staaten 20 Jahre nach der Teilung.
b) Die Verträge zwischen Ost und West brachten Entspannung, aber auch die schleichende Anerkennung der DDR als eigenständiger Staat. Viele Menschen waren damit nicht einverstanden. Führt ein Streitgespräch.

Der Zerfall der DDR

M1 *40 Jahre DDR*

Der Zusammenbruch der DDR

Am 7. Oktober 1989 feierte die DDR mit großem Aufwand den 40. Jahrestag ihrer Gründung. „Wer zu spät kommt, den bestraft das Leben." Diesen Satz sagte während der Feier der Staats- und Parteichef der UdSSR, Michail Gorbatschow, zum Staats- und Parteichef der DDR, Erich Honecker. Gorbatschow hatte in der UdSSR zahlreiche Reformen durchgeführt. Trotz vieler Warnungen hielt Honecker an alten kommunistischen Vorstellungen fest. Vier Wochen später, am 9. November 1989, fiel die Mauer in Berlin. Ein Jahr später gab es keine DDR mehr. Neben einer immer dramatischer werdenden Wirtschaftskrise, einer aktiven Bürgerrechtsbewegung und der Massenflucht von DDR-Bürgern über Ungarn und Österreich nach Deutschland war auch der Mauerfall eine der Ursachen für den Zusammenbruch.

Friedliche Revolution

Immer mehr Bürger der DDR stellten im Jahr 1989 Ausreiseanträge und schlossen sich kirchlichen Arbeitsgruppen an. Den Menschen in der DDR ging es wirtschaftlich immer schlechter. Die Kluft zwischen dem offiziell verkündeten Fortschritt und den tatsächlichen Verhältnissen wurde immer größer. Seit September 1989 organisierten kirchliche Gruppen Demonstrationen. Weil sie montags stattfanden, hießen sie **Montagsdemonstrationen**. Der Staatssicherheitsdienst (Stasi) ging anfangs brutal gegen die Demonstranten vor. Zwei Tage nach der 40-Jahr-Feier der DDR protestierten in Leipzig 70 000 Menschen. Jeden Montag schlossen sich mehr Bürger an. Auch in anderen Städten demonstrierten die Menschen für Demokratie und freie Wahlen. „Wir sind das Volk" stand auf den Plakaten. Am 13. November waren in Leipzig schon 200 000 Bürger unterwegs. „Wir sind ein Volk" war nun zu lesen.

M2 *Montagsdemonstration in Leipzig*

Aufgaben

1 Was meinte Gorbatschow mit dem Ausspruch „Wer zu spät kommt …"?

2 Erkläre: Welche Gründe führten 1989 zum Zusammenbruch der DDR?

3 Befragt einen Zeitzeugen zum Alltagsleben in der DDR.

4 Erkundige dich im Lexikon nach den Personen Michail Gorbatschow und Erich Honecker. Welche unterschiedlichen Positionen haben die beiden politisch vertreten?

Wirtschaftliche Probleme

Maik aus Jena: „Am Abend haben wir im BRD-Werbefernsehen gesehen, was die Westdeutschen alles kaufen können. Da kam schon Unzufriedenheit und Neid auf."
Mandy aus Karl-Marx-Stadt (heute Chemnitz): „In unserer Wohnung funktionierte fast gar nichts mehr. Der Wasserhahn und die Heizungsventile tropften, und die Fenster waren nicht mehr dicht."
Frank aus Zwickau: „Bei uns wurden die Trabbis gebaut. Schöne Autos. Aber mit den Westautos konnte man sie natürlich nicht vergleichen."

M4 *Exportartikel 1989 „Made in Germany" (Ost)*

M5 *Exportartikel 1989 „Made in Germany" (West)*

M3 *Deutsche Botschaft in Prag (September 1989)*

Mauerfall

Passantin aus Ost-Berlin an der Berliner Mauer: „Wir gehen jetzt Bier trinken am Ku'damm. Und dann fahren wir wieder nach Hause. Und das machen wir jetzt öfter so."
Am 9. November 1989 verkündete die DDR die Reisefreiheit. Noch in der gleichen Nacht machten sich Tausende von DDR-Bürgern auf, zum ersten Mal in ihrem Leben die Grenze zu überqueren. 28 Jahre waren sie vom Westen abgeschnitten. Jetzt konnten sie frei die Grenze passieren. In den Tagen nach dem Mauerfall besuchten Millionen von DDR-Bürgern den Westen.

Beginn der Ausreisen

Die Menschen in der DDR durften nicht in den Westen ausreisen, auch nicht für kurze Besuche.

Das Ostblockland Ungarn öffnete sich den Reformen von **Glasnost** und **Perestroika** und begann im Mai 1989 mit dem Abbau der Grenzbefestigungen zu Österreich. Für viele DDR-Bürger wurden die „Löcher im Zaun" zum Schlupfloch in den Westen.

In der tschechischen Hauptstadt Prag drängten sich vor der Botschaft der Bundesrepublik Deutschland DDR-Bürger. Sie hofften, ihre Ausreise auf diese Weise erzwingen zu können. Nach langen Verhandlungen mit der DDR überbrachte Außenminister Genscher am 1. Oktober 1989 den Wartenden die Nachricht, dass sie über die DDR ausreisen durften.

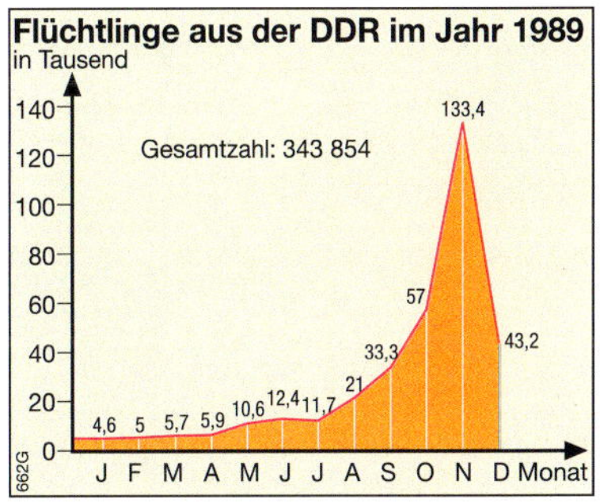

M6 *Flucht von Ost nach West*

Die Wiedervereinigung

Deutsche Wiedervereinigung
Nach dem Zweiten Weltkrieg wurde Deutschland in zwei Staaten geteilt, die BRD und die DDR. Die Grenze zwischen diesen Staaten war zugleich 40 Jahre lang die Grenze zwischen NATO und Warschauer Pakt.
Erst Glasnost und Perestroika sowie die friedliche Revolution in der DDR machten den Mauerfall und die Wiedervereinigung beider deutscher Staaten möglich.

M2 *Plakat vom November 1989*

09.11.1989: Öffnung der Berliner Mauer und der Grenzübergänge zur Bundesrepublik Deutschland.

4793E

27.11.1989: Montagsdemonstranten fordern zum 1. Mal die Wiedervereinigung.

18.03.1990: Volkskammerwahlen (erste und letzte freie Wahlen in der DDR)

1989 | 1990

November | Dezember | Januar | Februar | März | April | Mai

4694E

28.11.1989: Bundeskanzler Kohl legt Zehn-Punkte-Programm vor. „Wiedergewinnung der staatlichen Einheit Deutschlands" als Hauptziel.

18.05.1990: Unterzeichnung des Staatsvertrags über die Währungs-, Wirtschafts- und Sozialunion durch die Finanzminister Waigel und Romberg.

01.07.1990: Die Währungs-, Wirtschafts- und Sozialunion zwischen der DDR und der Bundesrepublik Deutschland tritt in Kraft.

M1 *Die Mauer ist offen.*

„Zum ersten Mal bilden wir Deutschen keinen Streitpunkt auf der europäischen Tagesordnung. Unsere Einheit wurde niemandem aufgezwungen, sondern friedlich vereinbart. Sie ist Teil eines gesamteuropäischen geschichtlichen Prozesses, der die Freiheit der Völker und eine neue Friedensordnung unseres Kontinents zum Ziel hat. Diesem Ziel wollen wir Deutschen dienen …"

M3 *Bundespräsident von Weizsäcker am 3.10.1990*

12.09.1990: „2+4 Vertrag" wird unterzeichnet.

Juni	Juli	August	September	Oktober

23.08.1990: Die Volkskammer der DDR beschließt den Beitritt der DDR zum 3.10.1990.

03.10.1990: Wiedervereinigung Deutschlands; die DDR verlässt zum 3. Oktober den Warschauer Pakt.

M4 *Einheitsfeier am Reichtagsgebäude (Berlin, 3.10.1990)*

Aufgaben

1 Berichte mit Hilfe der Zeitleiste über die Ereignisse zwischen 9. November 1989 und 3. Oktober 1990.

2 Vor 1990 wurde der Feiertag „Tag der Deutschen Einheit" nicht am 3. Oktober begangen, sondern am … . Informiere dich über die Hintergründe dieses Tages (siehe auch S. 26).

3 Richard von Weizsäcker sieht die Wiedervereinigung in einem größeren Rahmen. Stelle mit eigenen Worten dar, in welchem Zusammenhang die deutsche Wiedervereinigung steht.

4 Betrachte die Briefmarken.
a) Zu welchen Ereignissen wurden die Marken ausgegeben?
b) Woran kannst du erkennen, welche der Briefmarken nach der Wiedervereinigung erschienen ist?

5 Die Wiedervereinigung hast du nicht erlebt. Befrage deine Eltern als Zeitzeugen, wie sie diese Ereignisse damals empfunden haben.

Deutschland – von 1945 bis heute

1. Der Zweite Weltkrieg ist beendet

Die Abbildungen zeigen Eindrücke vom Ende des Zweiten Weltkriegs. Schreibe zu jedem Bild einen Bericht und erkläre darin, was dargestellt ist.

2. Zwei Staaten entstehen

a) Ordne die Flaggen den beiden Staatsmännern zu.
b) Verfasse Steckbriefe zu beiden Staatsmännern und zu den Staaten, die sie vertreten.

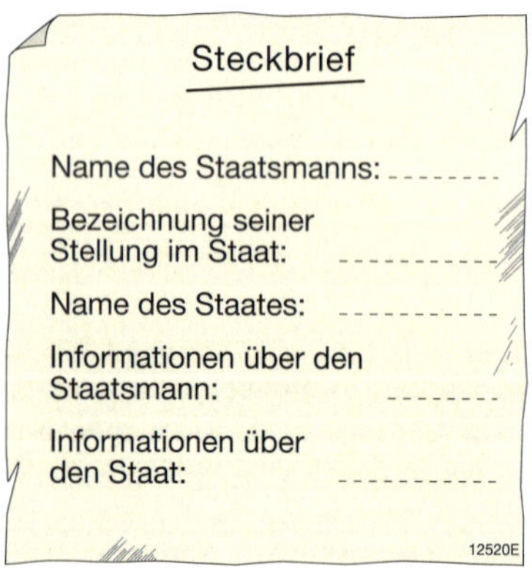

Steckbrief

Name des Staatsmanns: --------

Bezeichnung seiner Stellung im Staat: -----------

Name des Staates: -----------

Informationen über den Staatsmann: --------

Informationen über den Staat: -----------

12520E

4694E

(1)

4793E

(2)

(a)

(b)

3. Ereignisreiche Jahre

Schreibe zu jeder Schlagzeile einen kurzen Bericht. Nenne darin auch das Jahr, an dem das Ereignis stattgefunden hat.

Die Rosinenbomber kommen

Willy Brandt neuer Bundeskanzler

Potsdamer Abkommen unterzeichnet

Ostverträge in Moskau unterzeichnet

Grundgesetz verkündet

Wieder Montagsdemonstration in Leipzig

Aufstand in Ostberlin brutal niedergeschlagen

Erste Wahl zur Volkskammer

Die Mauer ist offen

Kurz nach Kriegsende, Besatzungszonen

Der Zweite Weltkrieg endete in Europa am 8. Mai 1945. Das Leben in der unmittelbaren Nachkriegszeit war gekennzeichnet durch Nahrungsmittelmangel und Wohnungsnot. Flüchtlinge und Vertriebene aus den ehemaligen deutschen Ostgebieten mussten integriert werden. Die Alliierten teilten das ehemalige Deutsche Reich in vier Besatzungszonen. Auf Grund der politischen Gegensätze zwischen den Siegermächten kam es zu einer unterschiedlichen Entwicklung in Ost und West.

Die doppelte Staatsgründung

Da die Siegermächte sich nicht auf eine gemeinsame Deutschlandpolitik einigen konnten, wurden 1949 zwei deutsche Staaten gegründet: die Bundesrepublik Deutschland und die Deutsche Demokratische Republik.

Der 17. Juni 1953

An diesem Tag entlud sich die Unzufriedenheit der DDR-Bürger in einem Volksaufstand. Die Menschen forderten freie Wahlen und den Rücktritt der Regierung. Der Aufstand wurde von sowjetischen Truppen mit Waffen niedergeschlagen. Da immer mehr Bürger aus der DDR in den Westen flohen, schloss die DDR ihre Grenze und entwickelte ein System der Kontrolle und Überwachung. Das Ministerium für Staatssicherheit (Stasi) bespitzelte die Bevölkerung.

Entspannungsbemühungen

Bis Ende der 1960er Jahre gab es für die Menschen in Ost- und Westdeutschland nur wenige Möglichkeiten, sich gegenseitig zu besuchen. Dies änderte sich mit der Ostpolitik von Bundeskanzler Willy Brandt. Die Ostverträge, das Viermächte-Abkommen und der Grundlagenvertrag waren Meilensteine auf dem Weg zu einem „Miteinander".

Der Zerfall der DDR und Wiedervereinigung

In der DDR führten Ende der 1980er Jahre die immer schlechter werdenden wirtschaftlichen Bedingungen zu großer Unzufriedenheit in der Bevölkerung. Eine Massenflucht über Ungarn und die Tschechoslowakei war die Folge. Bürgerrechtsbewegungen organisierten Protestaktionen. Am 9. November 1989 verkündete die DDR die Reisefreiheit. Am 3. Oktober 1990 wurde die Wiedervereinigung Deutschlands vollzogen. Seitdem ist dieser Tag als „Tag der Deutschen Einheit" Nationalfeiertag.

Grundbegriffe
- Alliierte
- Siegermacht
- Besatzungszone
- Potsdamer Abkommen
- Berlinblockade
- Luftbrücke
- Bundesrepublik Deutschland
- Deutsche Demokratische Republik
- Tag der Deutschen Einheit
- Ostverträge
- Viermächte-Abkommen über Berlin
- Grundlagenvertrag
- Montagsdemonstration
- Glasnost
- Perestroika

3
4
7
5
1
6
8

Deutschland – ein demokratischer Staat

Deutschlands Verfassungsprinzipien

Parteien in Deutschland

Formen direkter Demokratie

Der deutsche Bundestag

Die Bundesregierung

Rechtsprechung in Deutschland

Eine Debatte durchführen

Die soziale Sicherung

Wege für ein friedfertiges Zusammenleben

◀ **M1** *Berlin*

① *Reichstagsgebäude: Deutscher Bundestag, Plenarsaal*
② *Bundestagsverwaltung*
③ *Bundesministerium (BM) für Umwelt, Naturschutz und Reaktorsicherheit*
④ *Bundespresseamt*
⑤ *Deutscher Bundestag: Wissenschaftlicher Dienst (Marie-Elisabeth-Lüders-Haus)*
⑥ *Deutscher Bundestag: Abgeordnetenbüros und Büros der Ausschüsse (Paul-Löbe-Haus)*
⑦ *Deutscher Bundestag: Abgeordnetenbüros und Sitzungsräume (Jakob-Kaiser-Haus)*
⑧ *Bundeskanzleramt*

Deutschlands Verfassungsprinzipien

M1 *Text vergessen?!*

Das demokratische System Deutschlands

„Einigkeit und Recht und Freiheit für das deutsche Vaterland“, so lautet die erste Zeile der deutschen Nationalhymne. Sie entstammt einem 1841 von Hoffmann von Fallersleben verfassten Gedicht „Das Lied der Deutschen“. Für Hoffmann von Fallersleben war die Sorge über die Zersplitterung Deutschlands in viele Kleinstaaten der Anlass, den Begriff „Einigkeit“ zu verwenden.

Seit 1952 wird in der Bundesrepublik Deutschland die 3. Strophe des Gedichtes als offizielle Hymne gesungen. Heute bedeutet Einigkeit, dass alle Länder Deutschlands von Schleswig-Holstein bis Bayern und von Nordrhein-Westfalen bis Sachsen zusammengehören. Recht meint, dass jeder Mensch vor dem Gesetz gleich ist. Alle Menschen in Deutschland verfügen über Menschen- und Grundrechte. Freiheit bedeutet, dass die Bürgerinnen und Bürger selbst entscheiden können, wer regiert. Durch Wahlen können sie mitbestimmen. Freiheit heißt auch, dass jeder Bürger frei entscheiden kann, wo er lebt, arbeitet und welche Ansichten er vertritt. Im **Grundgesetz** der Bundesrepublik Deutschland sind die Prinzipien und der Aufbau unseres Staates festgelegt.

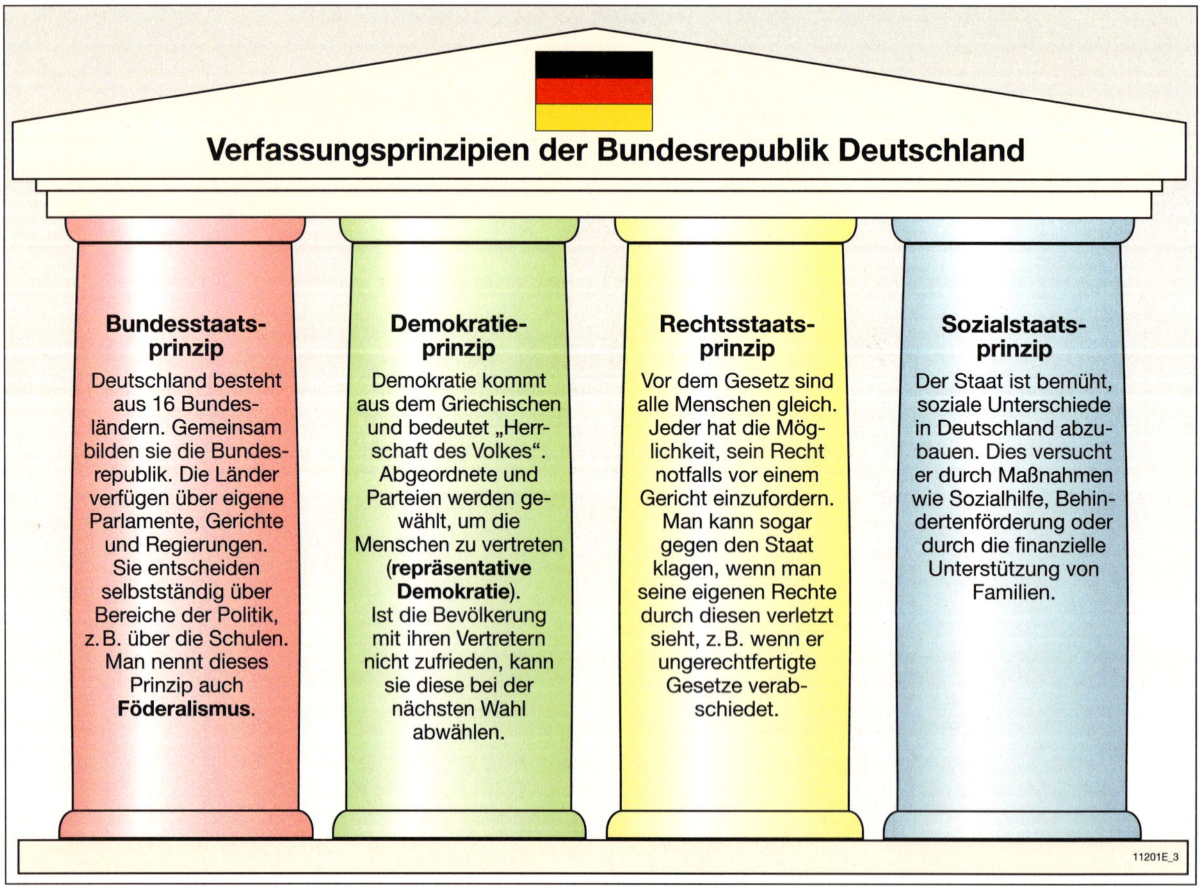

M2

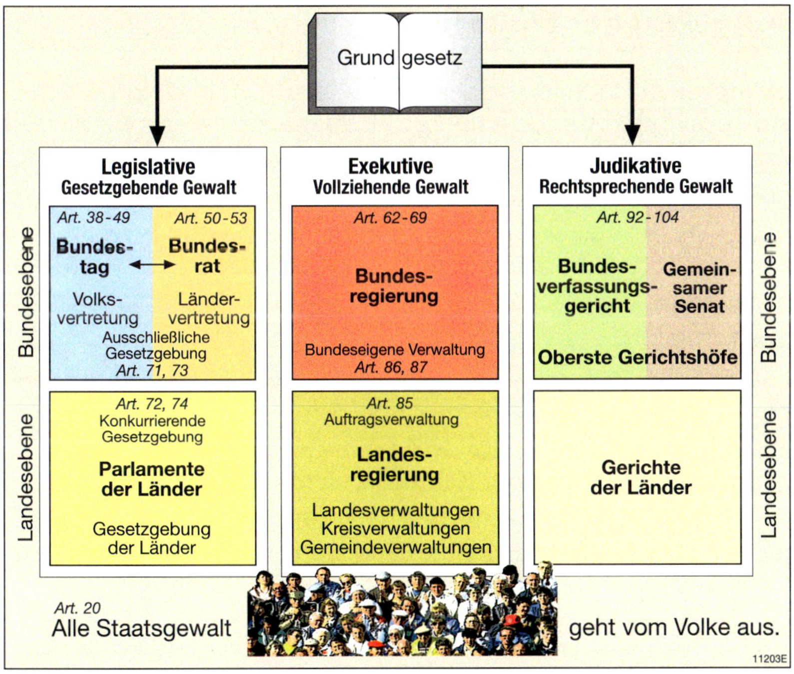

M3 *Die Gewaltenteilung ist im Grundgesetz verankert.*

M4 *Drei Schlüssel zur Macht*

Tipp
Das Grundgesetz kannst du kostenlos bestellen:
Bundeszentrale für politische Bildung
Adenauerallee 86, 53113 Bonn,
Fax: 01888-515113
E-Mail: info@bpb.de

Info

Deutsche Farben
Die Nationalfarben Deutschlands Schwarz-Rot-Gold entstanden im Zusammenhang mit der deutschen Einheitsbewegung im 19. Jahrhundert. Den Anstoß gaben die Uniformen einer Truppe von Freiwilligen im Jahr 1813: Sie trugen schwarz gefärbte Jacken mit roten Samtaufschlägen an den Ärmeln und goldenen Knöpfen. Auch die DDR-Flagge hatte die schwarz-rot-goldene Farbe. Mit dem Beitritt der DDR zur Bundesrepublik Deutschland wurden die deutschen Farben im eigentlichen Sinn deutsche Nationalfarben.

Aufgaben

1 Suche weitere Informationen zur Nationalflagge (Lexikon, Internet) und schreibe einen Text.

2 Was verbindest du mit „Einigkeit und Recht und Freiheit"?

3 Schreibe die vier Verfassungsprinzipien der Bundesrepublik Deutschland (M2) auf und erläutere die Bedeutung mit jeweils einem Beispiel.

4 Was versteht man unter Gewaltenteilung (M3)?

5 Erläutere die Zeichnung M4.

Parteien in Deutschland

Quelle 1

Grundgesetz, Artikel 21 (1)
Die Parteien wirken bei der politischen Willensbildung des Volkes mit. Ihre Gründung ist frei. Ihre innere Ordnung muss demokratischen Grundsätzen entsprechen. Sie müssen über die Herkunft und Verwendung ihrer Mittel sowie über ihr Vermögen öffentlich Rechenschaft geben.

Quelle 2

Auszug aus § 2 des Parteiengesetzes
Parteien sind Vereinigungen von Bürgern, die dauernd oder für längere Zeit für den Bereich des Bundes oder des Landes auf die politische Willensbildung Einfluss nehmen und an der Vertretung des Volkes im Deutschen Bundestag oder einem Landtag mitwirken wollen, wenn sie nach Umfang und Festigkeit ihrer Organisation, nach der Zahl ihrer Mitglieder und nach ihrem Hervortreten in der Öffentlichkeit eine ausreichende Gewähr für die Ernsthaftigkeit dieser Zielsetzung bieten.

Aufgaben der Parteien

Menschen mit den gleichen sozialen Interessen und politischen Vorstellungen über die Gestaltung der staatlichen, gesellschaftlichen und wirtschaftlichen Ordnung der Bundesrepublik Deutschland können sich in einer politischen Partei zusammenschließen. Die rechtliche Stellung der Parteien ist durch das Grundgesetz geregelt. Artikel 21 GG bestimmt in Verbindung mit dem Parteiengesetz in der Fassung vom 31.1.1994, dass die Parteien bei der „politischen Willensbildung des Volkes" mitwirken (Quelle 1).

Parteien stellen Kandidatinnen und Kandidaten für Wahlen auf. Sie machen in den Medien auf politische Probleme aufmerksam. Parteiprogramme schildern, welche Ansichten die Parteien vertreten. Durch die gewählten Kandidatinnen und Kandidaten wirken sie an der Gesetzgebung mit. Parteien sind auf der Ebene der Gemeinde, des Landes, des Bundes und auf europäischer Ebene tätig. Die einflussreichsten Parteien sind im Bundestag vertreten.

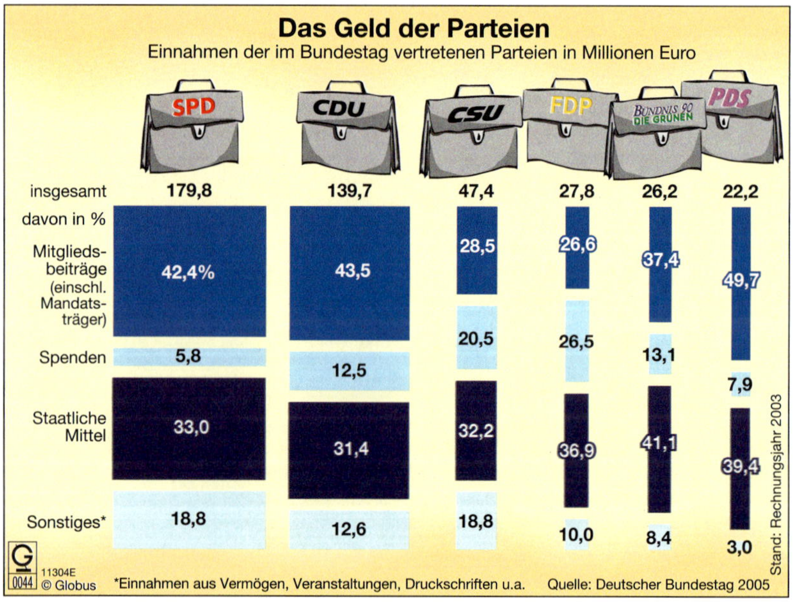

M1 *Parteifinanzen*

„Parteien, die im Bundestag sind, unterscheiden sich kaum voneinander."

„Parteien sind wichtig. Sie führen Menschen mit gleichen Interessen zusammen."

„Parteien vertreten verschiedene Meinungen und machen Angebote."

„Parteien sind zu mächtig. Sie bestimmen, was gemacht wird und beachten überhaupt nicht die Probleme der Bevölkerung."

M2 *Aussagen zu den Parteien*

Aufgaben

1 Wozu gibt es Parteien?

2 Informiere dich im Internet über die Programme der in M1 aufgeführten Parteien.
Erstelle eine Übersicht zu den Themen Bildung, Arbeit, Familie, Sicherheit, Steuern und Außenpolitik.

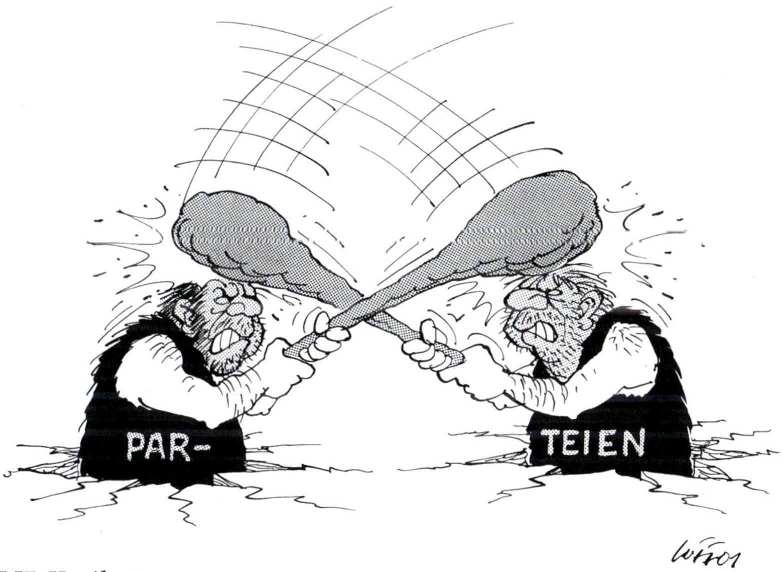

M3 *Karikatur*

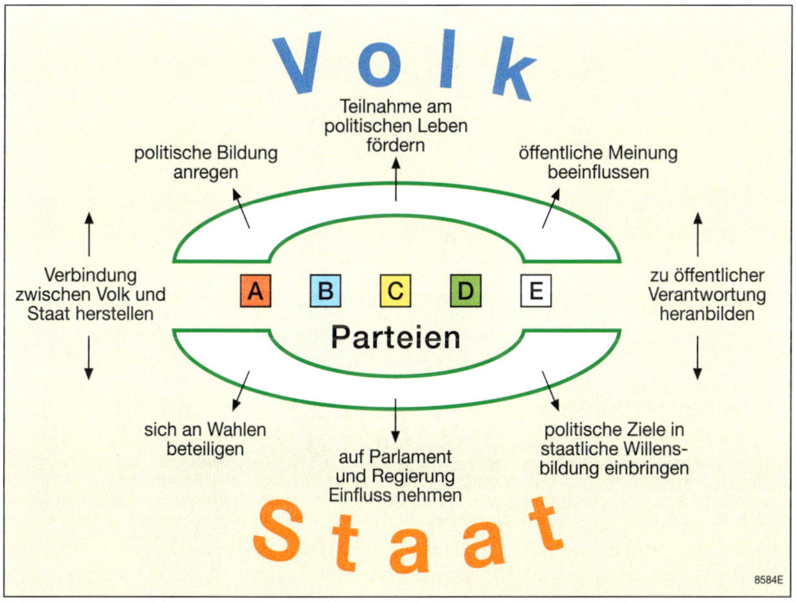

M4 *Aufgaben der Parteien*

M5 *Parteitag der CDU*

Quelle 3

Wovon lebt die Demokratie?
„Demokratie lebt vom Streit, von der Diskussion um den richtigen Weg."

(Richard von Weizsäcker, ehemaliger Bundespräsident)

Aufgaben

3 Durch M4 wird der Art. 21 des Grundgesetzes (Quelle 1) genauer erläutert. Schreibe die Aufgaben der Parteien auf und erkläre sie an Hand von Beispielen.

4 Nimm Stellung zu den Aussagen in M2.

5 Finde zu jeder der Parteien in M1 drei bekannte Politikerinnen oder Politiker. Stelle ihre Lebensläufe kurz der Klasse vor.

6 Wie finanzieren sich Parteien (M1)?

7 Warum fördert der Staat die Parteien finanziell?

1. Phase
Einzelne Bürger:
Kritik an politischen Planungen, Maßnahmen oder Verhältnissen; Suchen von Gleichgesinnten
↓
2. Phase
Gründung einer Bürgerinitiative: Schaffung einer Organisation; Öffentlichkeitsarbeit, z. B. Mitgliederwerbung, Leserbriefe, Zeitungsanzeigen, Gutachten von Experten, Veranstaltungen
↓
3. Phase
Reaktion der Politiker
↓ oder ↓
Lösung, Kompromiss → BI löst sich auf
Ablehnung → Fortsetzung der Aktionen

M1 *Bürgerinitiativen*

Petitionen und Bürgerinitiativen

Immer wieder kommt es vor, dass einzelne Bürgerinnen und Bürger mit politischen Erscheinungen nicht einverstanden sind. Dann können sie sich an den **Petitionsausschuss** des Bundestages wenden. Dort wird das Anliegen sorgfältig geprüft und, wenn berechtigt, für Abhilfe gesorgt. Grundlage ist das Petitionsrecht, das in Artikel 17 des Grundgesetzes als Grundrecht verankert ist. Es gibt jedermann das Recht, sich schriftlich mit Bitten oder Beschwerden an Behörden oder die Volksvertretung zu wenden. Diese müssen sie entgegennehmen und beantworten, sind aber zu keiner bestimmten Entscheidung verpflichtet. Eine zweite Möglichkeit, etwas zu verändern, ist die Gründung einer **Bürgerinitiative (BI)**. In Deutschland gibt es mehrere tausend davon. Außerdem kann man Mitglied von Organisationen werden, die sich weltweit damit beschäftigen, zum Beispiel humanitäre Anliegen gegenüber der Politik zu vertreten. Dazu gehören unter anderem „Greenpeace" und „amnesty international (ai)".

Info

Bürgerinitiative
Eine Bürgerinitiative ist ein Zusammenschluss von Menschen, die ein gemeinsames Ziel haben oder gemeinsame Interessen verfolgen. Sie beschränken sich meist auf ein Thema und sind unabhängig von Parteien.

M2 *Protestaktion von „Greenpeace" gegen Walfang*

M3 *Demonstration von „amnesty international" für Menschenrechte*

fluglaerm-weg.de

12527E

Die Bürgerinitiative gegen Flugverkehrsbelastungen im Landkreis Konstanz sieht ihre Aufgabe in erster Linie darin, die Bevölkerung vor Fluglärm durch An- und Abflüge des Flughafens Zürich zu schützen. Darüber hinaus will sie die Einwohner des Landkreises Konstanz über die aktuelle Entwicklung der Fluglärmsituation informieren und ihre Interessen bei den entsprechenden Gremien vertreten.

M4

Bürgerinitiative gegen Flugverkehrsbelastung im Landkreis Konstanz e.V.

STOP

M6

Quelle

Stuttgart ist der Schlüssel

Die Bürgerinitiative gegen Flugverkehrsbelastung will ihren Protest nun auf eine breitgestreute Basis stellen. Um einen weiteren Ausbau des Flughafens in Zürich zu verhindern, werden derzeit Politiker im Südwesten mit entsprechenden Informationen ausgestattet. Um sich weiteres Gehör zu verschaffen und vom Image der reinen Protestler wegzukommen, versorgt die Bürgerinitiative gegen Flugverkehrsbelastung in Deutschland nun gezielt die Politiker des Südwestens mit Informationen. In einer Informationsveranstaltung im Landkreis Konstanz wurde jetzt dieser Ansatz vorgestellt.

(Nach: Gerald Jarausch im Südkurier vom 21.07.2006)

M5 *In der Schweiz werden Wählerinnen und Wähler häufig per Volksentscheid bei einer wichtigen Frage zur Stellungnahme aufgefordert (z. B. Beitritt der Schweiz zur UNO). Auch in Deutschland wird der Ruf nach mehr direkter Demokratie von Zeit zu Zeit laut, insbesondere dann, wenn es um politische Entscheidungen von nachhaltiger Wirkung geht, wie zum Beispiel um die Einführung des Euros oder den EU-Beitritt weiterer Staaten.*

Aufgaben

1 Nenne Möglichkeiten der direkten Einflussnahme von Bürgerinnen und Bürgern.

2 Beschreibe die Entstehung einer Bürgerinitiative (M1).

3 Nimm Stellung zu den Initiativen in M4 und der Quelle.

4 Berichte über den Petitionsausschuss mit Hilfe des Internets.

5 Schreibe mit Hilfe des Internets einen Text über die aktuelle Arbeit von
a) Greenpeace (M2);
b) amnesty international (M3).

Der deutsche Bundestag

Info

Fraktion
Eine Fraktion ist die Gesamtheit der Abgeordneten einer Partei in einem Parlament. Fraktionen besitzen das Recht zur Gesetzesinitiative.

Koalition
Eine Koalition ist der Zusammenschluss von zwei oder mehr Parteien in einem Parlament, um durch gemeinsame Politik die Regierung zu bilden (siehe auch Text Seite 50).

Opposition
Alle Abgeordneten in einem Parlament, die nicht die Regierung stellen, bilden die Opposition. Sie stehen der Regierungsarbeit ablehnend oder kritisch gegenüber.

Die Aufgaben des Bundestages

Der Bundestag ist die aus Wahlen hervorgehende Vertretung des deutschen Volkes. Politisch wichtig ist die „Öffentlichkeitsfunktion", das heißt, dass der Bundestag die Aufgabe hat, die Wünsche der Bevölkerung aufzunehmen und umgekehrt die Bevölkerung zu informieren.

Die 598 Mitglieder des Bundestages (Abkürzung MdB) werden für vier Jahre gewählt. Sie sind Abgeordnete des ganzen Volkes und nur ihrem Gewissen verpflichtet.

Der Bundestag berät und verabschiedet sämtliche Bundesgesetze. Weiterhin wählt er den Bundeskanzler. Tagungsort ist das Reichstagsgebäude in Berlin. Es ist mit einer Glaskuppel überdacht, von der aus Besucher in den Plenarsaal blicken können. Aber man kann sich auch direkt als Besucher zu einer Plenarsitzung anmelden.

Ein wichtiger Teil der Arbeit der Abgeordneten findet in Sitzungen außerhalb des Bundestages statt. In Treffen der Parteien, **Fraktionen**, Arbeitsgruppen und Ausschüsse diskutieren die Abgeordneten über politische Anliegen. Dort entwickeln sie Gesetzesvorlagen, über die der Bundestag abstimmt. Die Mitglieder der **Koalition**, die den Bundeskanzler gewählt haben, unterstützen in der Regel die Politik der Regierung. Wenn sie anderer Ansicht sind, halten sie sich mit massiver öffentlicher Kritik zurück. Sie wollen der Regierung nicht schaden und bei der nächsten Wahl wiedergewählt werden. Die Mitglieder der Fraktionen, die die **Opposition** bilden, kritisieren öffentlich die Politik der Bundesregierung. Sie weisen auf die ihrer Ansicht nach falschen oder fehlerhaften Entscheidungen der Regierung und deren Folgen hin und zeigen Alternativen auf. Sie hoffen auf die Zustimmung der Bevölkerung und damit auf die Mehrheit der Stimmen bei der nächsten Wahl.

1 Präsident
2 Schriftführer
3 Am Rednerpult
4 Abgeordnete
5 Direktor beim Deutschen Bundestag
6 Beamte des Sitzungsdienstes
7 Stenografen
8 Mitglieder der Bundesregierung auf der Regierungsbank
9 Mitarbeiter der Minister
10 Mitglieder des Bundesrates

M1 *Sitzung des Bundestages*

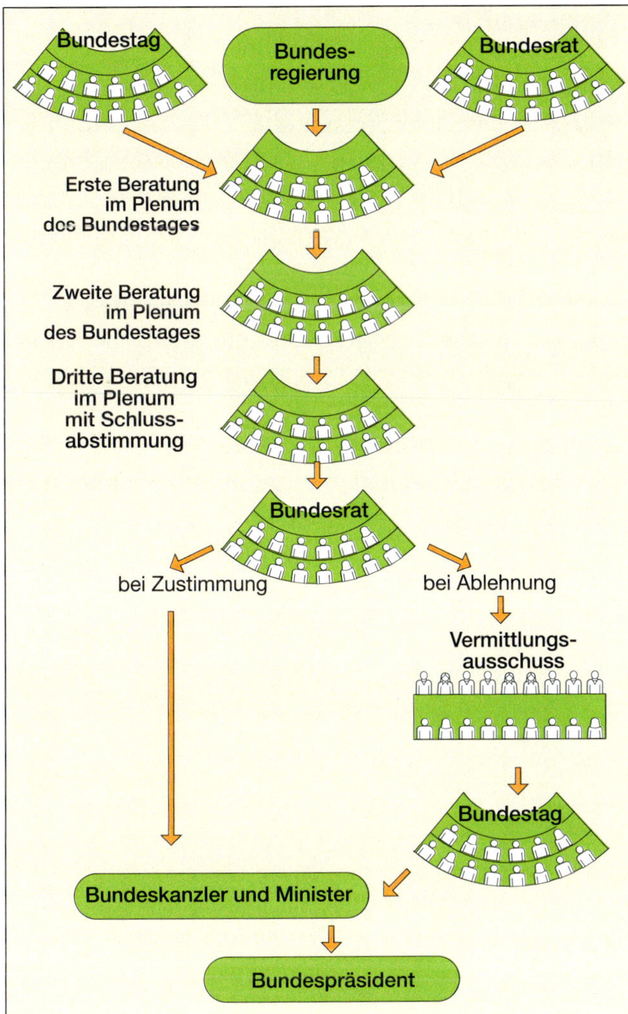

Gesetzentwürfe können von der Bundesregierung, aus dem Bundestag oder vom Bundesrat eingebracht werden.

Die erste Beratung im Plenum des Bundestages dient der Darlegung und der Erörterung der Grundsätze der Vorlage.

Die zweite Beratung im Plenum des Bundestages: Über die einzelnen Bestimmungen des Entwurfs wird beraten und abgestimmt.

Die dritte Beratung im Plenum des Bundestages erfolgt sofort auf die zweite Beratung. Am Ende dieser Beratung steht die Schlussabstimmung.

Der Bundesrat berät über das Gesetz.

Bei Meinungsverschiedenheiten zwischen Bundestag und Bundesrat wird versucht, im Vermittlungsausschuss einen Kompromiss zu finden.

Bei einfachen Gesetzen kann der Bundestag den Einspruch des Bundesrates und den Vermittlungsvorschlag zurückweisen. Bei zustimmungsbedürftigen Gesetzen muss nach dem Bundestag auch noch der Bundesrat den Vermittlungsvorschlag annehmen.

Nach der Verabschiedung eines Gesetzes wird es dem zuständigen Minister und dem Bundeskanzler vorgelegt, die durch ihre Unterzeichnung die politische Verantwortung dafür übernehmen.

Das Gesetz wird vom Bundespräsident unterzeichnet und tritt in Kraft.

10627E

M2 *Entstehung eines Gesetzes*

Quelle

Regierung will Rauchverbot mit Ländern abstimmen

Nach dem vorläufigen Scheitern eines bundesweit einheitlichen Rauchverbots in Gaststätten und Schulen strebt die Bundesregierung eine gemeinsame Lösung mit den Ländern an. Der Bund kann zwar für seine eigenen Gebäude und Einrichtungen Maßnahmen erlassen, für Schulen und Gaststätten ist er aber nicht zuständig.
Eine Arbeitsgruppe aus Vertretern von Koalition und Ministerien hatte in der vergangenen Woche ein Rauchverbot für alle öffentlichen Gebäude und Verkehrsmittel vorgeschlagen, ebenso für Krankenhäuser und Restaurants. Erlaubt sollte das Rauchen nur in eigens eingerichteten Raucherräumen sein, die durch Türen vom Nichtraucherbereich abgetrennt sein müssen. Vom Rauchverbot gänzlich ausgenommen werden sollten Bars, Kneipen, Nachtclubs sowie Bierzelte, nicht jedoch Diskotheken.

(Nach: www.tagesschau.de vom 8.12.2006)

Aufgaben

1 Beschreibe Aufgaben, Organisation und Sitzordnung des Bundestages (M1, Text).

2 Wie entsteht ein Gesetz? Erläutere mit Hilfe von M2.

3 Informiere dich über die gegenwärtige Gesetzeslage zum Rauchverbot in öffentlichen Räumen und schreibe einen Text. (www.bundestag.de)

Bundestagswahlen

M1 *Im Wahlkampf*

Die Bundestagswahlen

Wahlen zum Bundestag finden in der Regel alle vier Jahre statt. Jede Person mit deutscher Staatsangehörigkeit über 18 Jahre darf an der Wahl teilnehmen. Bei der Bundestagswahl hat man zwei Stimmen. Mit der Erststimme wählt man einen Kandidaten aus einem der 299 Wahlkreise, mit der Zweitstimme eine Partei. So ergeben sich die restlichen 299 Abgeordneten. Der Wahlkreiskandidat mit den meisten Stimmen zieht in den Bundestag ein **(Direktmandat)**. Wie viele Abgeordnete eine Partei insgesamt bekommt, entscheidet die **Zweitstimme** (M2). Nur Parteien mit mehr als 5 % der Stimmen oder drei Direktmandaten kommen in den Bundestag. Hat eine Partei 40 % der Stimmen, kann sie 40 % der Abgeordneten stellen. Hat eine Partei durch Direktmandate mehr Abgeordnete als ihr zustehen, erhält sie zusätzliche **Überhangmandate**.

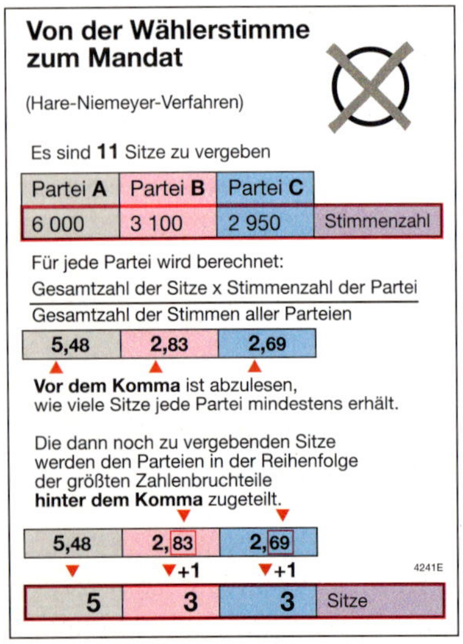

M2 *Die Zweitstimme ist entscheidend*

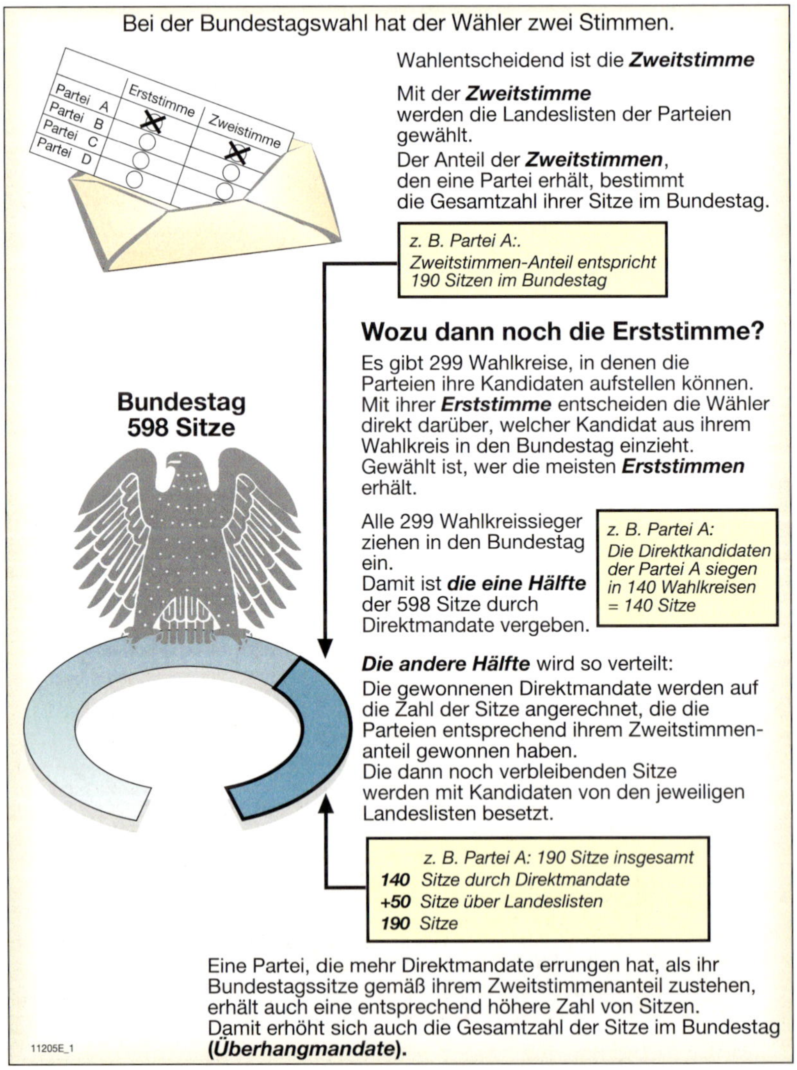

M3 *Erst- und Zweitstimmen*

Artikel 38, Absatz 1
(1) Die Abgeordneten des Deutschen Bundestages werden in allgemeiner, unmittelbarer, freier, gleicher und geheimer Wahl gewählt.

allgemein:
Bei der Bundestagswahl dürfen alle wählen, die mindestens 18 Jahre alt, mündig und deutsche Staatsbürgerinnen und Staatsbürger sind. Bei Kommunal- und Landtagswahlen können in einigen Bundesländern Jugendliche mit 16 Jahren wählen.

unmittelbar:
Die Wählerstimmen werden direkt für die Zuteilung der Abgeordnetensitze verwendet. Es werden keine Wahlfrauen und Wahlmänner, wie es zum Beispiel in den USA der Fall ist, zwischengeschaltet.

frei:
Die Wählerinnen und Wähler haben die freie Auswahl zwischen mehreren Kandidaten und Parteien. „Frei" bedeutet auch die Freiheit zu haben an der Wahl nicht teilzunehmen.

gleich:
Jede abgegebene Stimme hat das gleiche Gewicht. Das bedeutet, dass der Wert der Stimme nicht von Besitz, Einkommen, Steuerleistung, Bildung, Religion, Geschlecht u.a. abhängig ist.

geheim:
Die Wahlberechtigten geben ihre Stimme ohne Namensnennung in einer Wahlkabine ab. Anschließend werfen sie den Stimmzettel im Briefumschlag in eine Wahlurne.

M4 *Wahlgrundsätze bei einer Bundestagswahl*

Wahlvorhersage und Hochrechnung

Die Wahllokale schließen um 18.00 Uhr. In der gleichen Minute werden im Fernsehen Vorhersagen (Prognosen) gesendet. Wie geht das? Während des Wahltages führen Meinungsforscher Umfragen unter den Wählerinnen und Wählern durch. Eine Prognose wird erstellt. Sind die ersten Stimmen ausgezählt, werden diese „hochgerechnet". Eine Hochrechnung steht repräsentativ für das vorläufige Gesamtergebnis. Das amtliche Endergebnis wird erst einige Tage nach der Wahl verkündet.

M5 *Am Wahlabend*

„Wenn am nächsten Sonntag Bundestagswahl wäre, welche Partei würden Sie/würdest du wählen?"
Ihr benötigt: Wahlzettel, -urne
Durchführung:
- Informiert eure Mitschülerinnen und Mitschüler, Lehrkräfte und die Schulleitung über euer Projekt.
- Richtet einen Wahlraum ein. Beachtet dabei M4.

M7 *Projekt: Umfrage*

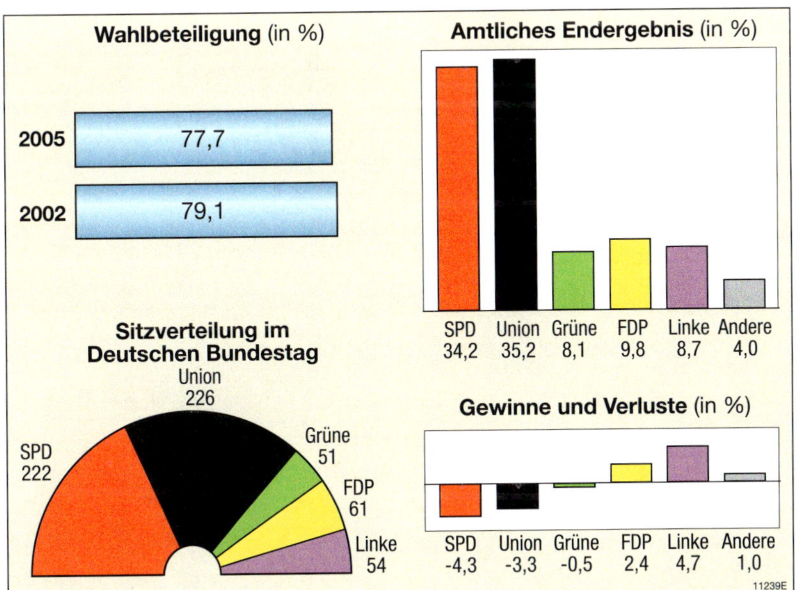

M6 *Ergebnisse der Bundestagswahl 2005*

Aufgaben

1 Fertige ein Wahlplakat zu einem aktuellen politischen Thema an.

2 Erkläre den Ablauf einer Bundestagswahl (M2 – M6).

3 Erläutere die Wahlgrundsätze (M4).

4 Erläutere die Ergebnisse der Bundestagswahl 2005 (M6).

5 Führt eine Umfrage an eurer Schule durch (M7). Vergleicht mit dem Ergebnis: www.forschungsgruppewahlen.de.

Die Bundesregierung

§ **1** (1) Der Bundeskanzler bestimmt die Richtlinien der inneren und äußeren Politik. Diese sind für die Bundesminister verbindlich und von ihnen in ihrem Geschäftsbereich selbstständig und unter eigener Verantwortung zu verwirklichen. In Zweifelsfällen ist die Entscheidung des Bundeskanzlers einzuholen.
(2) Der Bundeskanzler hat das Recht und die Pflicht, auf die Durchführung der Richtlinien zu achten.

M1 *Auszug aus der Geschäftsordnung der Bundesregierung*

Bundeskanzler und Bundesregierung

Der Bundeskanzler wird von den Abgeordneten des Deutschen Bundestages gewählt. Hierfür benötigt er die absolute Mehrheit, das heißt mindestens eine Stimme mehr als die Hälfte aller Abgeordneten. In der Regel verfügt eine Partei allein nicht über diese Stimmenzahl. Sie benötigt daher die Stimmen einer oder mehrerer weiterer Parteien, um den Bundeskanzler wählen zu können. Diese Parteien bilden eine Koalition. Sie treffen sich vor der Wahl und legen fest, was sie in den nächsten Jahren alles zusammen bearbeiten wollen. Diese Koalitionsvereinbarung ist ein Kompromiss aus den politischen Plänen der jeweiligen Parteien.

Nach der Wahl stellt der Bundeskanzler sein Kabinett zusammen. Es besteht aus den Ministern und deren Vertretern, den Staatssekretären. Die Minister werden vom Bundespräsidenten ernannt.

Die Aufgabe der Bundesregierung ist es, neue Gesetze vorzubereiten und dafür zu sorgen, dass beschlossene Gesetze sachgemäß ausgeführt und befolgt werden.

Die Bundesregierung braucht für ihre Arbeit jedoch die Unterstützung des Bundestages. Wenn der Bundeskanzler an dieser Unterstützung zweifelt, kann er die **Vertrauensfrage** stellen.

Ist die Mehrheit der Abgeordneten mit der Arbeit der Bundesregierung nicht mehr zufrieden, kann sie durch ein konstruktives **Misstrauensvotum** den Bundeskanzler abwählen.

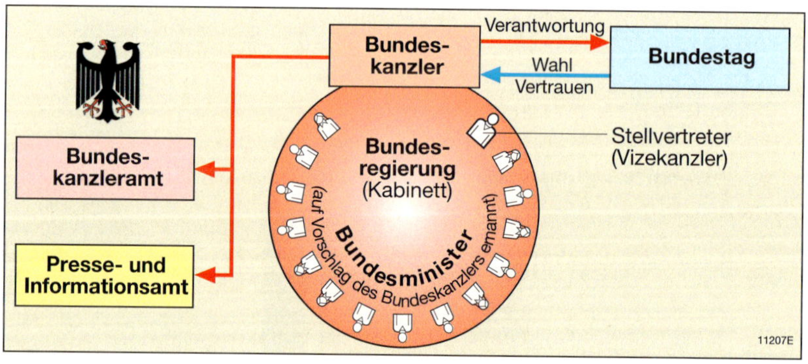

M3 *Die Bundesregierung*

M2 *Der Verteidigungsminister bei der Deutschen Marine*

M4 *Sitzung des Bundeskabinetts*

Bundeskanzleramt
Bundesministerium (BM) des Innern – Auswärtiges Amt – BM der Finanzen – BM der Justiz – BM der Verteidigung – BM für Bildung und Forschung – BM für Familie, Senioren, Frauen und Jugend – BM für Gesundheit – BM für Umwelt, Naturschutz und Reaktorsicherheit – BM für Verkehr, Bau- und Stadtentwicklung – BM für Wirtschaft und Technologie – BM für Arbeit und Soziales – BM für wirtschaftliche Zusammenarbeit und Entwicklung – BM für Ernährung, Landwirtschaft und Verbraucherschutz

M5 *Zusammensetzung der Bundesregierung*

M6 *Eröffnung einer Autobahn durch den Verkehrsminister (Mitte)*

M7 *Ministerin für wirtschaftliche Zusammenarbeit in Namibia*

Art. 67 (1)
Der Bundestag kann dem Bundeskanzler das Misstrauen nur dadurch aussprechen, dass er mit der Mehrheit seiner Mitglieder einen Nachfolger wählt und den Bundespräsidenten ersucht, den Bundeskanzler zu entlassen.

Bundestag entscheidet mit Mehrheit
↓
Misstrauen gegen amtierenden Kanzler bedeutet gleichzeitig Wahl eines neuen Kanzlers
↙ ↘
ja: neuer Kanzler — nein: Amtsinhaber bleibt

M8 *Konstruktives Misstrauensvotum nach Art. 67 Grundgesetz*

Art. (68) (1)
Findet ein Antrag des Bundeskanzlers, ihm das Vertrauen auszusprechen, nicht die Zustimmung der Mehrheit der Mitglieder des Bundestages, so kann der Bundespräsident auf Vorschlag des Bundeskanzlers binnen einundzwanzig Tagen den Bundestag auflösen.

Bundeskanzler stellt Vertrauensfrage
↓
Bundestag entscheidet mit Mehrheit
↙ ↘
ja — nein: Auflösung des Bundestages, Neuwahlen

M9 *Vertrauensfrage nach Art. 68 Grundgesetz*

Aufgaben

1 Schreibe einen kurzen Text über die Wahl des Bundeskanzlers und die Bildung der Regierung.

2 Erläutere Aufgaben und Arbeitsweise der Bundesregierung.

3 Erkläre den Sinn der Vertrauensfrage.

4 Welche Bedeutung hat das konstruktive Misstrauensvotum?

Rechtsprechung in Deutschland

M1 *Symbol für Gerechtigkeit: die römische Göttin Justitia*

Gerichte haben das Wort

Die Bundesrepublik Deutschland ist ein Rechtsstaat. Über die Einhaltung der Gesetze wachen die Gerichte. Das höchste deutsche Gericht ist das Bundesverfassungsgericht in Karlsruhe. Es entscheidet über Verfassungsbeschwerden, zum Beispiel von Bürgern, die sich in ihren Grundrechten verletzt fühlen. Außerdem entscheidet es in Streitfällen, zum Beispiel zwischen Bund und Ländern oder den Parteien, ob Gesetze der Verfassung entsprechen.

Darüber hinaus gibt es eine Vielzahl von Gerichten, die sich mit Streitfällen in allen Bereichen und strafrechtlicher Verfolgung von Straftaten beschäftigen. Je nach Vorgang und Bedeutung des Falles sind unterschiedliche Gerichte zuständig.

Niemand muss sich in einem Rechtsstreit mit dem ersten Urteilsspruch abfinden, wenn er der Meinung ist, dieser sei ungerecht. Er kann in Berufung gehen, das heißt, dass ein in der Regel höherrangiges Gericht dann den Fall erneut verhandelt und beurteilt.

Verfassungsorgan; selbstständiger, unabhängiger, höchster Gerichtshof der Bundesrepublik Deutschland
2 Senate mit je 8 Richtern, die je zur Hälfte von Bundestag und Bundesrat für eine Amtszeit von 8 Jahren gewählt werden.
Letztgültige Entscheidungen u. a. über:

- Vereinbarkeit von Bundes- und Landesrecht mit dem Grundgesetz
- Verfassungsstreitigkeiten zwischen Bund und Ländern, verschiedenen Bundesorganen oder Ländern über gegenseitige Rechte und Pflichten
- Verfassungsbeschwerden
- Verfassungswidrigkeiten von Parteien
- Richteranklagen
- Anklagen gegen den Bundespräsidenten
- Auslegung des Grundgesetzes
- Verwirkung von Grundrechten

M2 *Bundesverfassungsgericht*

Bürger ⟷ Bürger	**Bürger ⟷ staatl. Stelle** **staatl. Stelle ⟷ staatl. Stelle**
wird entschieden nach: **Privatrecht (Zivilrecht)** z. B. mit Hilfe des	wird entschieden nach: **öffentlichem Recht** z. B. mit Hilfe des
Bürgerlichen Gesetzbuches (BGB)	Grundgesetzes (GG)
Handelsgesetzbuches (HGB)	Strafgesetzbuches (StGB)
Kündigungsschutzgesetzes (KSchG)	der Schulgesetze (SchulG)

M3 *Rechtsbereiche (Auswahl)*

Aufgaben

1 Justitia trägt drei Dinge. Erläutere die jeweilige Bedeutung.

2 Welche Aufgabe hat das Bundesverfassungsgericht?

3 Informiere dich im Internet über die Bundesgesetzgebung zur Frage „Fahren ohne Alkohol für Führerschein-Neulinge". Schreibe Stichpunkte dazu auf.

4 Führt eine Debatte zum Thema „Begleitetes Fahren ab 17" durch.

Eine Debatte durchführen

Führerschein ab 17

Ein Bundesgesetz hat das Autofahren ab 17 Jahren in Begleitung eines Erwachsenen generell ermöglicht. Erhofftes Ziel ist eine Reduzierung der hohen Unfallzahlen von jugendlichen Fahranfängern. Allerdings ist den Ländern die Einführung des Gesetzes freigestellt. In einigen Bundesländern wurde inzwischen ein Modellversuch „Begleitetes Fahren ab 17" durchgeführt. Hierzu muss man mindestens 17 Jahre alt sein. Die Fahrausbildung beginnt maximal sechs Monate vor dem 17. Lebensjahr. In der Prüfbescheinigung sind die Namen der erwachsenen Begleitpersonen eingetragen. Die Begleitpersonen müssen über 30 Jahre alt sein, seit mindestens fünf Jahren den Führerschein besitzen und höchstens drei Strafpunkte in Flensburg haben. Auf Fahrten dürfen die Begleitpersonen nicht mehr als 0,5 Promille Alkohol im Blut aufweisen. Mit dem 18. Lebensjahr erhält der Jugendliche einen regulären Führerschein. Seine zweijährige Probezeit beginnt mit dem Erhalt der Prüfbescheinigung.

Begleitetes Fahren ab 17 Jahren

Pro

- Erfahrungszuwachs von Führerscheinneulingen hilft beim eigenständigen Fahren.
- Ältere Fahrer bremsen die Risikobereitschaft der jugendlichen Fahrer.
- Die Eltern werden bei Fahrten entlastet.
- Jugendliche übernehmen schon früher Verantwortung für sich und andere Verkehrsteilnehmer.
- Jugendliche sind im Berufsleben mobiler.
- …?

Kontra

- Regelung ist zu umständlich und deshalb kaum praktikabel.
- Gefahr, dass Jugendliche dennoch rasen, wenn sie später alleine fahren, bleibt.
- Verletzungsrisiko der Begleitfahrer, da sie nicht wie der Fahrlehrer eingreifen können.
- Die Maßnahme fördert das Verkehrsaufkommen zusätzlich (Stau, Parkprobleme, Abgase).
- Jugendliche sind auch ohne Auto mobil. Es gibt motorisierte Alternativen (Moped, Roller).
- Jugendliche sind mit den Kosten (Versicherung, Benzin) zusätzlich finanziell belastet.
- Mit 17 fehlt noch die nötige Reife, um stark motorisiert am Verkehr teilzunehmen.
- Die Einflüsse des erwachsenen Begleitfahrers müssen nicht immer positiv sein.
- …?

Quelle

Fünf Jugendliche bei Verkehrsunfall getötet

Magdeburg. Bei einem schweren Verkehrsunfall sind fünf Jugendliche im Alter von 18 und 19 Jahren getötet worden. Wie die Polizei berichtet, geriet das voll besetzte Auto in einer Kurve ins Schleudern und stieß mit einem entgegenkommenden Kleintransporter zusammen.
Zuvor hatte der 18-jährige Autofahrer den Angaben zufolge einen anderen Wagen überholt und war anschließend auf der linken Fahrspur weitergefahren. Der Kleintransporter-Fahrer wurde mit lebensgefährlichen Verletzungen ins Krankenhaus eingeliefert.

(Nach: www.mdr.de)

So führst du eine Debatte durch:

In einer Debatte werden die Pro- und Kontra-Argumente zu einem Thema in kurzen Reden vorgetragen.

- Wählt einen Moderator.
- Bildet eine Pro- und eine Kontra-Gruppe und sammelt Argumente.
- Legt eine Rednerliste fest.
- Vereinbart eine maximale Redezeit pro Redner.
- Jede Meinung muss begründet vorgetragen werden (Aussage, Beleg, Beispiel).
- Beratet euch in der Gruppe nach den Redebeiträgen und versucht die Argumente der Gegenseite zu widerlegen.
- Vermeidet persönliche Angriffe.
- Stellt am Ende fest, wer gut, wer schlecht argumentiert und vorgetragen hat.

Die soziale Sicherung

M1 *Recht auf Hilfe bei Arbeitslosigkeit*

M2 *Der deutsche Rentenzahler der Zukunft (Karikatur von Horst Haitzinger)*

	Versorgungsprinzip	Versicherungsprinzip	Fürsorgeprinzip
Wer zahlt?	Staat	Sozialversicherung	Staat
Wer erhält?	Menschen, die besondere Opfer für die Gemeinschaft erbracht haben	Mitglieder	jeder in Not
Womit wird finanziert?	Steuergelder	Mitgliederbeiträge und Staatszuschüsse	Steuergelder
Beispiele	Beamtenversorgung, Kindergeld, Kriegsopferversorgung	Krankenversicherung, Rentenversicherung, Pflegeversicherung, Arbeitslosenversicherung	Sozialhilfe, Jugendhilfe, Wohngeld, Resozialisierung

M3 *Prinzipien der sozialen Sicherung*

Quelle

Recht auf Hilfe

Wer nicht in der Lage ist, aus eigenen Kräften seinen Lebensunterhalt zu bestreiten oder in besonderen Lebenslagen (Krankheit, Behinderung, Pflegebedürftigkeit) sich selbst zu helfen, und auch von anderer Seite keine ausreichende Hilfe erhält, hat ein Recht auf persönliche und wirtschaftliche Hilfe, die seinem besonderen Bedarf entspricht und die Führung eines menschenwürdigen Lebens sichert.

(Nach: Sozialgesetzbuch, § 9)

Die drei Säulen der sozialen Sicherung

Deutschland ist ein Sozialstaat mit einem sozialen Netz. Wer zum Beispiel alt, krank oder arbeitslos ist, dem wird geholfen.

Menschen, die für den Staat arbeiten, werden vom Staat bezahlt. Das sind z. B. Lehrer, Richter und Polizisten. Wer Kinder bekommt, sorgt für die Zukunft des Staates und erwirbt sich so ein Anrecht auf staatliche Unterstützung. Man nennt das **Versorgungsprinzip**. Versicherungsgesellschaften helfen dem Staat bei seinen sozialen Aufgaben. Nach dem **Versicherungsprinzip** muss jeder, der berufstätig ist, einen festgelegten Beitrag für Kranken-, Pflege-, Arbeitslosen- und Rentenversicherung einzahlen. Dafür bekommt er bei Bedarf Hilfe. Die Höhe der Leistungen hängt bei der Arbeitslosen- und Rentenversicherung unter anderem von Beitragsdauer und Höhe der Einzahlungen ab. Bei der Kranken- und Pflegeversicherung genießt jeder gleichen Versicherungsschutz, sofern er keine privaten Zusatzversicherungen abschließt. Wenn jemand in Not gerät und Versorgungs- und Versicherungsprinzip nicht ausreichen, greift das **Fürsorgeprinzip** des Staates. Das heißt, niemand muss auf Hilfe verzichten, der sich selbst nicht helfen kann. Zu diesen sozialen Aufgaben hat sich der Staat durch Gesetze verpflichtet.

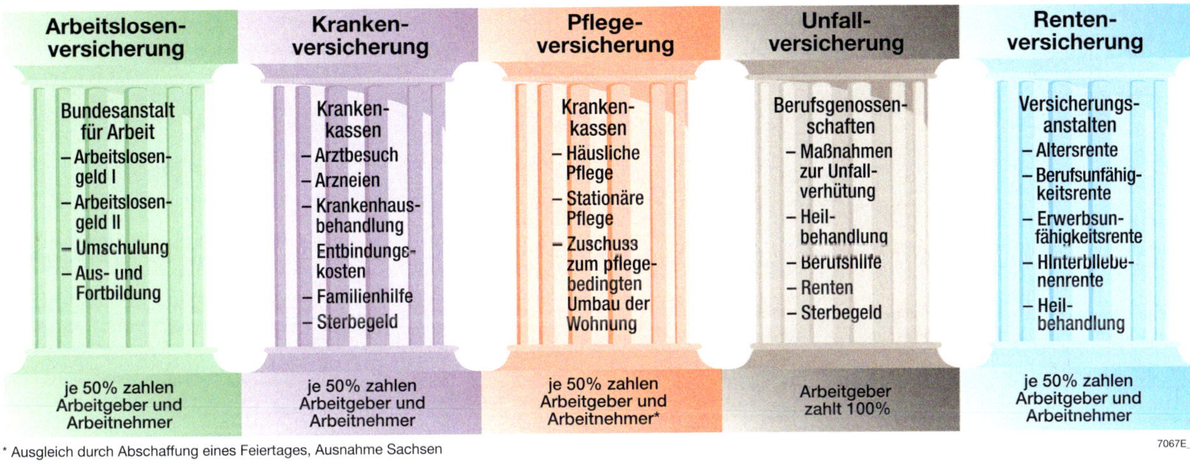

M4 *Die Sozialversicherungen*

Der Vertrag zwischen den Generationen

Die Mitglieder der Sozialversicherung zahlen Versicherungsbeiträge. Diese Gelder werden nicht angesammelt, sondern sogleich wieder für Leistungen ausgegeben. Dieses Prinzip basiert auf dem **Generationenvertrag**. Grundlage dieses Vertrages ist das Vertrauen der aktiven Generation auf die Einlösung ihrer künftigen Ansprüche.

Durch die hohe Lebenserwartung und die niedrige Geburtenrate hat sich der Altersaufbau der deutschen Bevölkerung verändert. Dadurch muss die aktive Generation immer mehr Leistungen erbringen. Zugleich sinken aber auch die zu erwartenden Gegenleistungen immer stärker.

M5

Aufgaben

1 Schreibe mit Hilfe von M3 treffende Aussagen zu den drei Versorgungsprinzipien auf.

2 Informiere dich über die drei Prinzipien der sozialen Sicherung im Internet. Erstelle jeweils einen Informationstext.

3 Erkläre das Prinzip des Generationenvertrags (M5, Text) und erläutere seine möglichen Nachteile (M2).

4 Überlege und notiere, warum man auch vom Drei-Generationen-Vertrag spricht.

5 Gestaltet eine Wandzeitung zum Thema Sozialversicherungen.

Quelle 1

Grundgesetz, Artikel 16a Asylrecht

(1) Politisch Verfolgte genießen Asylrecht.

Nur Ausländer, die von einem Gericht als politisch Verfolgte anerkannt werden, dürfen eine Arbeit annehmen oder eine Ausbildung aufnehmen. Sie haben im Bedarfsfall Anspruch auf Sprachkurse, Wohngeld und Ausbildungsbeihilfe.

Quelle 2

Flüchtling ist jemand, der sich auf Grund einer begründeten Furcht vor Verfolgung außerhalb seines Landes befindet. Gründe dafür können sein: Rasse, Religion, Nationalität, Zugehörigkeit zu einer bestimmten sozialen Gruppe oder politische Überzeugung.

(Genfer Flüchtlingskonvention von 1951)

Aufgabe

1 Berechne die Zahl der Asylanträge aus den wichtigsten Herkunftsländern für das Jahr 2005.

M2

Ziel: Deutschland

Im Jahr 1992 stellten über 430000 Menschen aus dem Ausland einen Antrag auf Asyl in Deutschland. Seit diesem Rekordjahr ist die Zahl der Anträge zwar stetig gesunken. 42908 Anträge waren es im Jahr 2005, vor allem von Menschen aus der Türkei (12 %), aus Serbien und Montenegro (11 %), aus Russland (8 %), aus Vietnam, aus dem Iran, aus Aserbeidschan und aus dem Irak (je 4 %). Aber noch immer versuchen viele Ausländerinnen und Ausländer, die nicht vor politischer Verfolgung fliehen, als Asylanten anerkannt zu werden. Sie hoffen, über den Weg des Asylverfahrens eine Aufenthaltserlaubnis, Arbeitsmöglichkeiten und Sozialleistungen in Deutschland zu erhalten. Eine große Zahl der Asylanträge (über 60 %) musste abgelehnt werden. Ziel des Asylverfahrens ist es, schnell und zuverlässig zu erkennen, wer tatsächlich Schutz benötigt, und herauszufinden, wer sich zu Unrecht auf das **Asylrecht** beruft.

Seit dem 1. Januar 2005 ist ein neues Zuwanderungsgesetz in Kraft.

Aufenthalt: Das Gesetz unterscheidet zwischen Aufenthaltserlaubnis (befristet) und Niederlassungserlaubnis (unbefristet).

Sicherheit: Ausgewiesen wird, wer zum Beispiel den Terrorismus unterstützt.

Integration: Zuwanderer müssen die deutsche Sprache lernen, die Verfassung kennen und die Gesetze befolgen. Sie erhalten Zugang zu allen gesellschaftlichen Bereichen. Ein kommunales Wahlrecht haben aber bis jetzt (2007) nur EU-Bürgerinnen und Bürger.

Familie: Ehegatten und Kinder bis zum 18. Lebensjahr können unter bestimmten Voraussetzungen nachziehen.

Arbeitserlaubnis: Maßstab sind die Erfordernisse der deutschen Wirtschaft. Der Anwerbestopp für Hilfsarbeiter/innen wird beibehalten.

Europäische Union: Alle Staatsangehörigen können sich auf dem Gebiet der Mitgliedstaaten frei bewegen.

M1

M3 *Miroslav Klose, Gerald Asamoah, Oliver Neuville und Lukas Podolski*

Wer spielt für Deutschland?

Vom 9. Juni bis zum 9. Juli 2006 fand in Deutschland die 18. Fußballweltmeisterschaft der Männer statt. Zur deutschen Mannschaft gehörten auch die vier Spieler in M3. An ihren Namen lässt sich erkennen, dass ihre Familien nicht aus Deutschland stammen. Sie haben ausländische Eltern. In der deutschen Nationalmannschaft sind sie deshalb spielberechtigt, weil sie einen deutschen Pass und damit die deutsche **Staatsbürgerschaft** besitzen. Auch für die Nominierung zur Fußballweltmeisterschaft gilt das **Staatsangehörigkeitsrecht**, dessen Neufassung seit 2000 in Kraft ist.

Aufgaben

2 Welche Rechte hat jemand, der in Deutschland Asyl bekommen hat (Quelle 1)?

3 „Das Boot ist voll". Was hältst du von dieser Einstellung (M2)?

4 Nenne wichtige Ziele des Zuwanderungsgesetzes vom 1.1.2005 (M1).

5 Wer bekommt die deutsche Staatsangehörigkeit?
- Ali Ö. wohnt und arbeitet seit sieben Jahren in Augsburg.
- Olgas Eltern stammen aus Russland. Sie ist in Deutschland geboren. Morgen feiert sie ihren 16. Geburtstag.
- Felipes deutsche Ehefrau Helga erwartet ein Kind.

Abstammung
von deutschen Eltern

Ein Kind, bei dem mindestens ein Elternteil deutscher Staatsbürger ist, erhält mit der Geburt die deutsche Staatsangehörigkeit.

Geburt
in Deutschland

Ein Kind ausländischer Eltern, die dauerhaft in Deutschland leben, erhält mit der Geburt die deutsche Staatsangehörigkeit und außerdem meist die Staatsangehörigkeit der Eltern (doppelte Staatsbürgerschaft).
Zwischen dem 18. und dem 23. Geburtstag muss es sich für eine der beiden Staatsbürgerschaften entscheiden.

Einbürgerung

Nachträglicher Erwerb der deutschen Staatsbürgerschaft auf Antrag. Voraussetzungen dafür sind unter anderem: mindestens acht Jahre Aufenthalt in Deutschland, Bekenntnis zum Grundgesetz, gesicherter Familienunterhalt, ausreichende Deutschkenntnisse, Straflosigkeit, Aufgabe der bisherigen Staatsangehörigkeit.

ZAHLENBILDER
130 385

M4 *Wie wird man Deutscher?*

Deutschland – ein demokratische

1. Die Gewaltenteilung in der Bundesrepublik Deutschland

Übertrage die Abbildung in dein Heft und setze ein, wer auf Bundes- bzw. Landesebene die drei Gewalten vertritt.

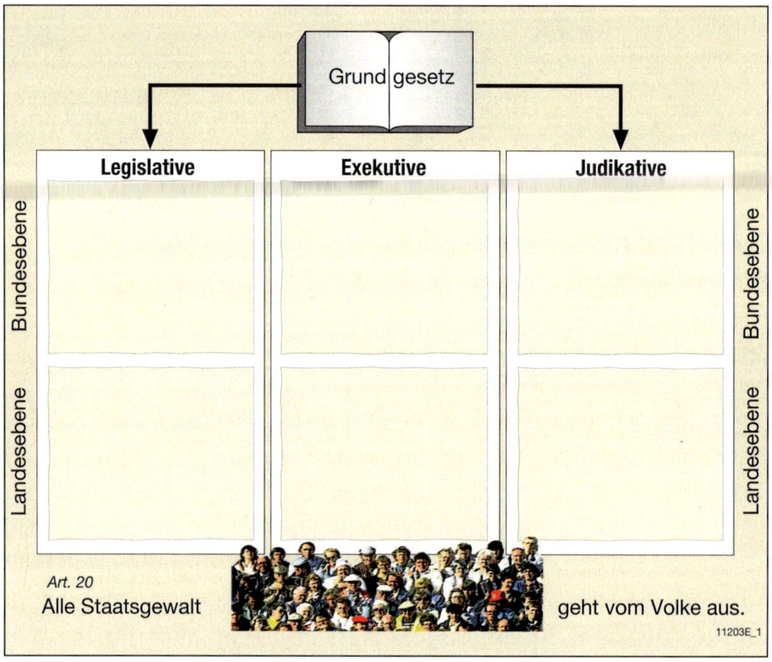

2. Fragen für Experten

a) Was versteht man unter direkter Demokratie?

b) Beschreibe, wie der Bundeskanzler gewählt wird.

c) Der Bundeskanzler kann nicht abgewählt werden. Richtig oder falsch?

d) Notiere Aufgaben des Bundestages.

e) Notiere, wer Justitia ist, was sie trägt und was diese Dinge bedeuten.

f) Was bedeutet „Generationenvertrag“?

g) Nenne die drei Möglichkeiten, wie man deutscher Staatsbürger wird.

h) Was wählt der Bürger mit der Erststimme und was mit der Zweitstimme bei der Bundestagswahl?

3. Die Aufgaben der Parteien

Notiere die Aufgaben der Parteien, indem du die Nummern und Buchstaben übernimmst und die Aufgabe entsprechend aufschreibst.

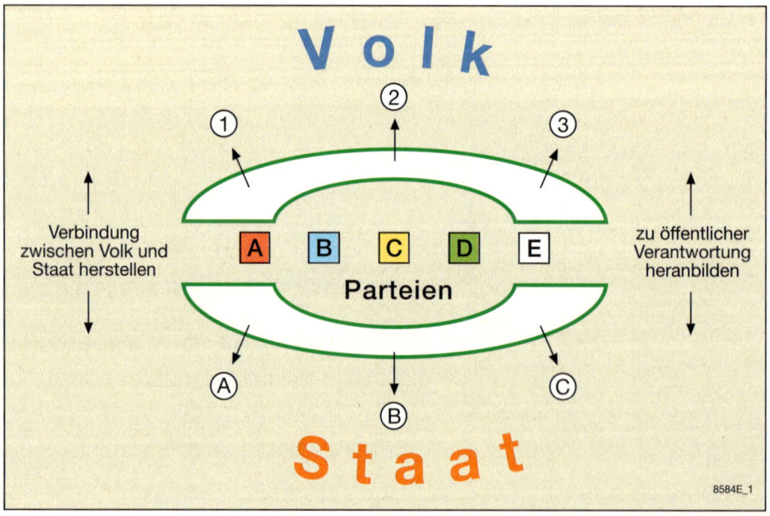

Deutschlands Verfassungsprinzipien, Parteien

Die Bundesrepublik Deutschland ist ein demokratischer Rechtsstaat mit den vier Verfassungsprinzipien Bundesstaats-, Demokratie-, Rechtsstaats- und Sozialstaatsprinzip. Die Gewaltenteilung in Legislative, Exekutive und Judikative ist im Grundgesetz verankert.
Bei der politischen Willensbildung des Volkes besitzen die Parteien eine Schlüsselstellung. Sie wirken im Bundestag bei der Gesetzgebung mit. Die Zahl der Abgeordneten der Parteien hängt vom Wahlergebnis ab. Die Partei mit den meisten Stimmen stellt in der Regel den Bundeskanzler.

Formen direkter Demokratie

Bürgerinnen und Bürger, die mit politischen Entscheidungen nicht einverstanden sind, können sich an den Petitionsausschuss des Bundestages wenden. Eine weitere Möglichkeit direkter Einflussnahme der Menschen besteht darin, sich in einer Bürgerinitiative zu engagieren.

Bundestag, Bundesregierung und Rechtsprechung in Deutschland

Der Bundestag ist das bedeutendste Gremium in der deutschen Politik. Er berät und verabschiedet die Bundesgesetze. Die Mitglieder der Koalition unterstützen die Arbeit der Regierung, die Opposition kritisiert die ihrer Meinung nach falschen Vorhaben und Entscheidungen.
Der Bundeskanzler und sein Kabinett bilden die Bundesregierung. Sie hat die Aufgabe, neue Gesetze vorzubereiten und für deren sachgerechte Ausführung zu sorgen. Der Bundeskanzler ist vom Parlament gewählt und kann von ihm durch ein konstruktives Misstrauensvotum abgewählt werden.
Deutschland ist ein Rechtsstaat. Über die Einhaltung der Gesetze wachen die Gerichte. Neben dem höchsten Gericht, dem Bundesverfassungsgericht, gibt es eine Vielzahl von Gerichten, die in Streitfällen aus allen Bereichen entscheiden.

Soziale Sicherung und friedfertiges Zusammenleben

Deutschland ist ein Sozialstaat mit einem sozialen Netz. Die Prinzipien der sozialen Sicherung sind das Versorgungs-, Versicherungs- und Fürsorgeprinzip.
Seit dem 1. Januar 2005 ist ein neues Zuwanderungsgesetz in Kraft. Es regelt die Zuwanderung, den Aufenthalt und die Integration von Menschen aus der EU und dem weiteren Ausland.

Grundbegriffe
- Grundgesetz
- Petitionsausschuss
- Bürgerinitiative (BI)
- Fraktion
- Koalition
- Opposition
- Direktmandat
- Zweitstimme
- Überhangmandat
- Vertrauensfrage
- Misstrauensvotum
- Versorgungsprinzip
- Versicherungsprinzip
- Fürsorgeprinzip
- Generationenvertrag
- Asylrecht
- Staatsbürgerschaft
- Staatsangehörigkeitsrecht

„ARMER TEUFEL, SOLL ICH DIR MAL DAS SCHILD HALTEN?"

Eine Welt – ungleich aufgeteilt

Arme Länder, reiche Länder

Bevölkerungsentwicklung und Verstädterung

❂ Problem AIDS

Merkmale eines Entwicklungslandes – Peru

Eine Metropole in Lateinamerika – Lima

Wir untersuchen einen Ballungsraum

Präsentieren mit Power-Point

◀ **M1** *Karikaturen*

Arme Länder, reiche Länder

Info

Dritte Welt – Eine Welt

Die Länder der Dritten Welt werden auch „Entwicklungsländer" genannt. Sie liegen im „Hungergürtel" der Erde. Der Begriff geht auf eine alte Einteilung der Erde in drei Welten zurück. Als Erste Welt bezeichnete man die reichen Industrieländer. Sie umfassen nur ein Viertel der Erdbevölkerung, verbrauchen jedoch zwei Drittel aller Rohstoffe und verursachen große Umweltschäden. Als Zweite Welt bezeichnete man früher die ehemaligen kommunistischen Länder in Osteuropa. Heute spricht man einerseits von reichen Ländern oder Industrieländern und andererseits von armen Ländern oder Entwicklungsländern oder Ländern der Dritten Welt.

Wir alle leben in der „Einen Welt" und sollten uns mitverantwortlich fühlen für Hunger und Armut auf der gesamten Erde.

Armut ist weit verbreitet

Es gibt viele Versuche, die Länder der Erde nach ihrem Entwicklungsstand einzuteilen. Eine Möglichkeit ist die Einordnung nach dem **Bruttoinlandsprodukt (BIP)** pro Einwohner (M5).

Fast ein Drittel der Weltbevölkerung lebt unterhalb der Armutsgrenze. Das heißt, dass etwa zwei Milliarden Menschen kein menschenwürdiges Dasein führen können. Sie haben zu wenig Geld, um sich ausreichend zu ernähren und sich vernünftig zu kleiden. Die meisten dieser Menschen leben in **Entwicklungsländern**. Das sind Staaten mit einem geringen BIP. In diesen Staaten wächst zudem die Bevölkerung sehr schnell. In den **Industrieländern**, wie zum Beispiel Deutschland, ist das BIP pro Einwohner deutlich höher.

M2 *Hungerflüchtlinge*

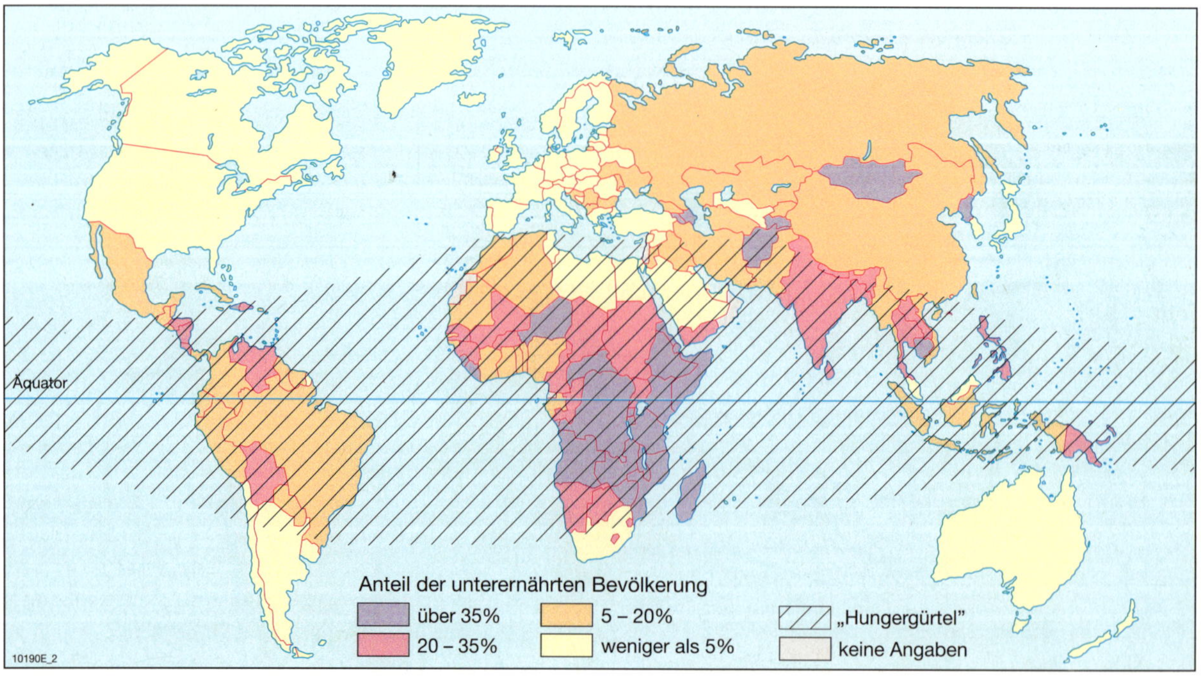

M1 *Der Hungergürtel der Erde*

Info

Bruttoinlandsprodukt (BIP)

Das Bruttoinlandsprodukt pro Einwohner ist ein Kennzeichen für die Wirtschaftskraft eines Landes. Es dient zur Bestimmung von Armut und Reichtum der Länder der Erde.

Es ist ein Durchschnittswert, der nicht berücksichtigt, dass die Lebensverhältnisse in einem Land sehr unterschiedlich sein können. Dies ist der Fall, wenn ein kleiner Teil der Bevölkerung sehr reich ist, die meisten Menschen jedoch in großer Armut leben.

Das BIP setzt sich aus dem Wert aller erzeugten Güter und Dienstleistungen eines Jahres in US-$ zusammen. Um zu berechnen, wie viel jeder Einwohner erwirtschaftet hat, teilt man das BIP des Landes durch die Einwohnerzahl. So erhält man das BIP pro Einwohner.

Äthiopien	120
Bangladesch	410
Indien	680
China	1410
Peru	2480
Türkei	4740
Deutschland	35080
Japan	37570
USA	41920
Schweiz	52880

M5 *BIP pro Einwohner in US-Dollar (2005)*

M3 *Ein „reich gedeckter Tisch" in einem Industrieland*

M4 *Die wichtigsten Grundbedürfnisse des Menschen*

Aufgaben

1 a) Informiere dich über die Verteilung der Weltbevölkerung (Atlas, Karte: Bevölkerungsdichte). Notiere die Ergebnisse in Stichworten.

b) Nenne jeweils zwei Staaten in Südamerika, Afrika und Asien, die im Hungergürtel der Erde liegen und in denen der Anteil der unterernährten Bevölkerung bei über 20 % liegt (M1; Atlas, Karte: Erde – Staaten).

2 Ordne M2 und M3 je einem Staat in M1 zu.

3 „Unser maßloser Alltag" Nimm Stellung zu dieser in einer Zeitung abgedruckten Überschrift (M3).

4 In Indien ist ein kleiner Teil der Bevölkerung sehr reich. Die meisten Menschen leben jedoch in großer Armut. Was bedeutet dies in Bezug auf die Befriedigung der Grundbedürfnisse (M4, M5)?

Arme Länder, reiche Länder

Info

Schwellenland
Ein Schwellenland befindet sich im Übergang vom Entwicklungsland zum Industrieland. Es ist in seiner Entwicklung verhältnismäßig weit fortgeschritten. Merkmale sind unter anderem: ein relativ hohes BIP pro Einwohner (über 1500 US-$), ein beträchtlicher Anteil der verarbeitenden Industrie an der Entstehung des BIP (20 % und mehr), ein hoher Anteil der Industriewaren am Export sowie ein schnelles Exportwachstum von Industrieprodukten.
Die gesellschaftliche und soziale Entwicklung in Schwellenländern hält oft nicht Schritt mit der wirtschaftlichen Entwicklung. So herrschen selten demokratische Verhältnisse, die Versorgung der Menschen mit Sozialleistungen (z. B. Schulbildung, Gesundheitsbetreuung, Altersversorgung) ist gering entwickelt und das soziale Gefälle zwischen Stadt und Land ist extrem groß.

M1 *Die Länder der Erde nach dem Human Development Index*

Aufgaben

1 Schreibe aus den Gruppen des HDI für jeden Kontinent zwei Staaten auf.

2 Auf welchem Kontinent liegen die meisten LDC?

3 Wie heißen die Staaten auf folgenden Rangplätzen: 2, 85, 117, 151, 170?

Staaten nach dem Entwicklungsstand

Eine differenzierte Einteilung der Länder der Erde nach dem Entwicklungsstand wird jedes Jahr von der UNO vorgenommen. Sie ermittelt den **Human Development Index (HDI)**.

Die Industrieländer haben einen hohen HDI zwischen 0,8 und 1,0. Der Wert der Entwicklungsländer liegt unter 0,5. Die **Schwellenländer** haben einen mittleren HDI. Besonders arm sind die **Least Developed Countries (LDC)**. Sie liegen am Ende der Skala.

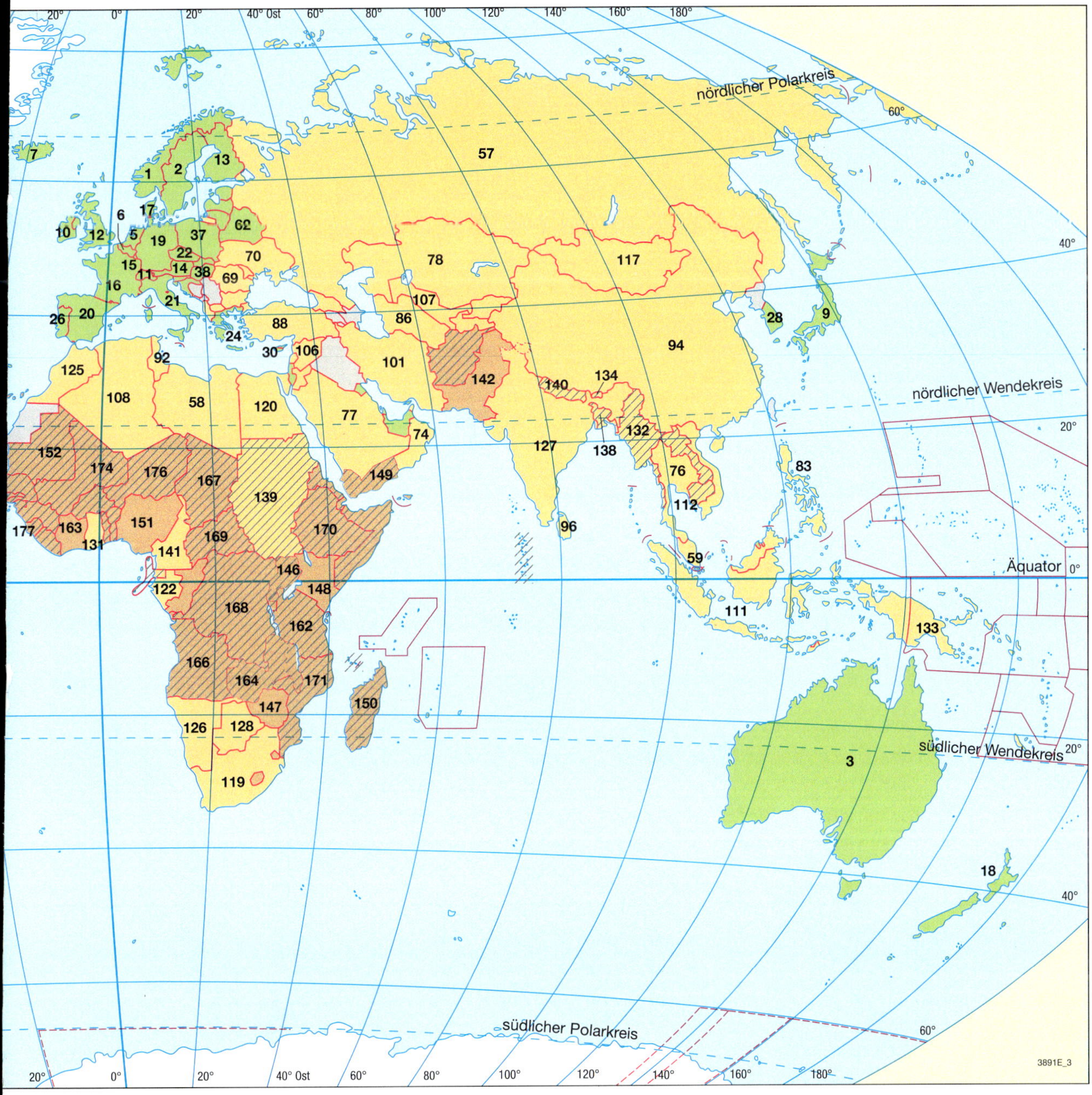

Entwicklungsstand der Staaten nach dem HDI

3891Ea_3

- hoch (HDI: >0,8)
- mittel (HDI: <0,8-0,5)
- niedrig (HDI: <0,5)
- ohne Angaben

67 Rang eines Staates in der Liste der UNO (Angaben in Auswahl)

Least Developed Countries (LDC)

Angaben aus:
UNO: Bericht über die Menschliche Entwicklung 2004

Info

Human Development Index (HDI)

Der HDI drückt den Entwicklungsstand von Staaten aus. In die Berechnung gehen nicht nur das BIP pro Einwohner und der Grad der Industrialisierung ein, sondern auch die Lebenserwartung und der Anteil der Analphabeten. Der HDI-Wert überträgt diese Merkmale auf eine gemeinsame Grundlage. Er schwankt zwischen 0 und 1. Je näher der Wert eines Landes bei 1 liegt, desto höher ist es entwickelt.

Bevölkerungsentwicklung und Verstädterung

Aufgaben

1 Die Bevölkerungszahl der Erde „explodiert". Erläutere diese Aussage (M3).

2 Ermittle im Internet den aktuellen Stand der Bevölkerungsentwicklung (www.dw-online.de/cgi-bin/count.pl).

3 Das Bevölkerungswachstum ist in den Industrieländern und Entwicklungsländern sehr unterschiedlich. Erläutere (M2).

4 a) Ordne den Städten in M4 die Staaten zu, in denen sie liegen.
b) In welchen Gebieten der Erde wachsen die Städte am schnellsten?
c) Versuche hierfür eine Begründung zu geben.

Die Bevölkerungszahl der Erde „explodiert"

Der 12. Oktober 1999 war ein besonderer Tag in der Geschichte. Die Vereinten Nationen erklärten einen drei Minuten nach Mitternacht in China geborenen Jungen zum sechsmilliardsten Menschen der Erde.

Jeden Tag wächst die Erdbevölkerung um etwa 250 000 Menschen. Das ist ungefähr die Einwohnerzahl der Stadt Karlsruhe. Es dauerte etwa 4000 Jahre, bis auf der Erde etwa drei Milliarden Menschen lebten, die Verdoppelung auf sechs Milliarden wurde in nur etwa 40 Jahren erreicht. Man spricht von einer **Bevölkerungsexplosion**. Verteilung und Zuwachs der Bevölkerung sind jedoch auf der Erde sehr unterschiedlich.

Der Anteil der Menschen, die in Städten leben, nimmt immer mehr zu. Jede Woche wächst die städtische Bevölkerung um über eine Millionen Menschen. Man spricht von einer **Verstädterung**. 1950 war New York noch die einzige Stadt der Welt mit mehr als zehn Millionen Einwohnern.

Viele der einwohnerstärksten Städte liegen heute in den Entwicklungsländern. Diese Städte sind auch **Metropolen** mit einer Konzentration von Industriebetrieben und Kultureinrichtungen.

M1 *Eine Familie in Europa*

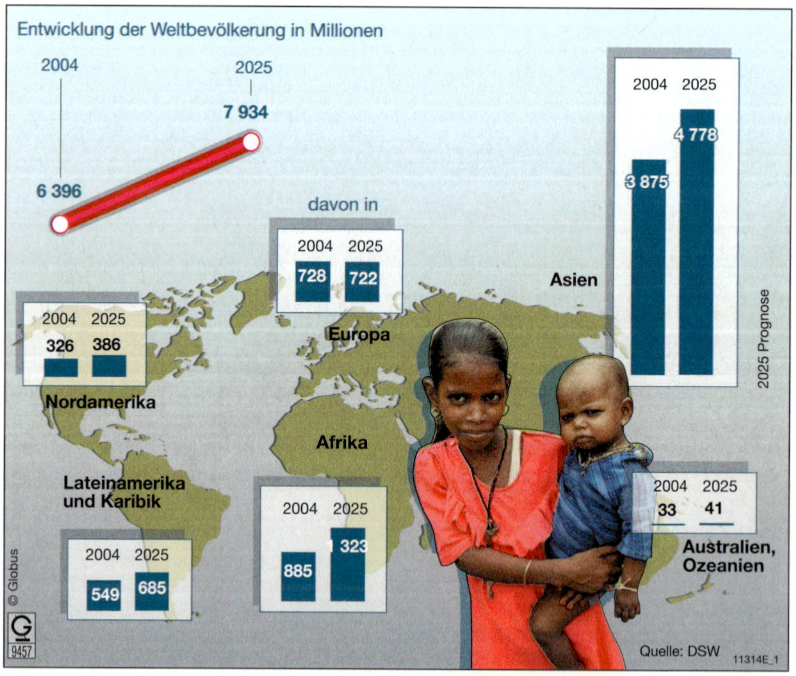

M2 *Bevölkerungsverteilung auf der Erde (in Mio.)*

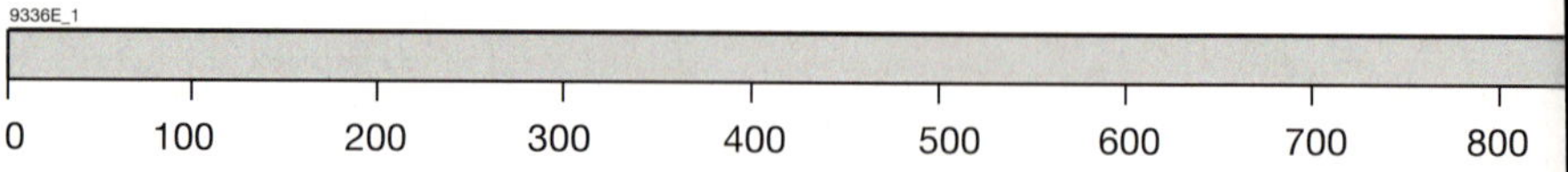

M3 *Das Wachstum der Weltbevölkerung*

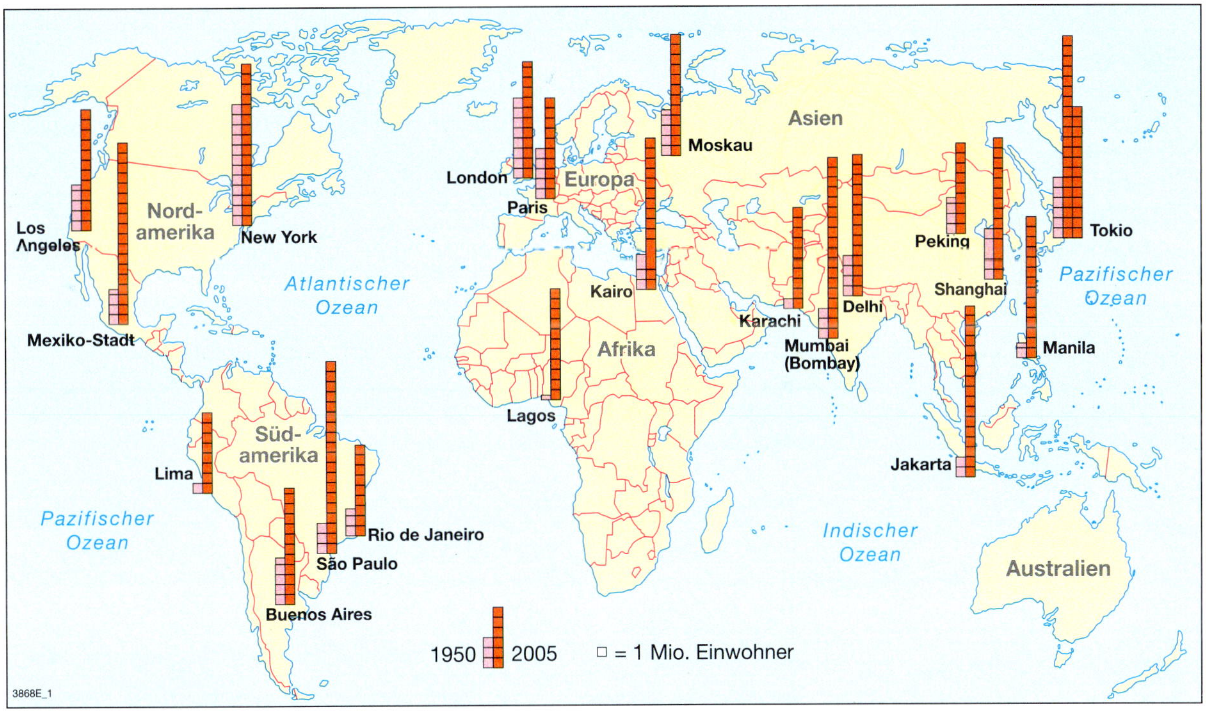

M4 *Einwohnerzahlen ausgewählter Millionenstädte 1950 und 2005*

M5 *Konan Outtara lebt mit vier Frauen zusammen, hat 30 Kinder und 60 Hektar Land. Seine Heimat ist der Staat Elfenbeinküste. Heute sagt er: „Es war ein Fehler, so viele Kinder in die Welt zu setzen, denn meine Kinder bekommen auch schon Kinder.“ An der Elfenbeinküste bekommt jede Frau durchschnittlich mindestens fünf Kinder (in Mali sieben, in Niger acht).*

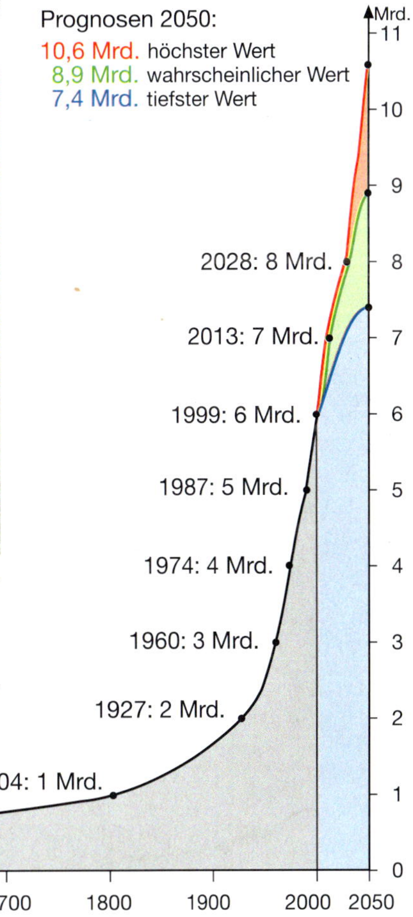

Anfertigen eines Referats

Info

Referat
Ein Referat ist eine schriftliche Abhandlung oder ein mündlicher Vortrag über ein bestimmtes Thema.
Das Wort kommt aus dem Lateinischen („referre") und bedeutet überbringen, mitteilen, berichten.

Gut geplant ist halb gewonnen

In der Abschlussklasse der Werkrealschule, in der Ausbildung und später im Beruf stehst du immer wieder vor der Aufgabe, zu einem Thema selbstständig ein Referat zu verfassen und möglicherweise die Ergebnisse mündlich zu präsentieren. Hier sind einige Regeln zusammengestellt, um ein Thema kenntnisreich und anschaulich zu erarbeiten.

ansprechendes Titelblatt	**klare Gliederung**	**aktuelles Literaturverzeichnis**

M1 *Wichtige Merkmale eines schriftlichen Referats*

So arbeitest du ein Referat aus:

1. Annäherung an das Thema
Beschäftige dich zunächst genau mit dem Thema. Jedes Wort ist wichtig. Zum Beispiel bearbeitet Till das Thema: „Iran – das Land hinter dem Schleier".
Hier sind die Begriffe „Iran" und „Schleier" die Schlüsselwörter. „Iran" bedeutet, dass Till ein Referat über den Staat Iran schreiben soll. Was aber bedeutet „hinter dem Schleier"? Diese Formulierung ist doppeldeutig. Einerseits ist damit verbunden, dass Frauen im Iran einen Schleier (den Körperschleier **Tschador** oder das Kopftuch) tragen. Andererseits liegt das Land für uns wie „hinter einem Schleier", denn wir wissen nicht viel über den Staat. Till hat also die Aufgabe, das Land vorzustellen und die Bedeutung des Schleiers für die Gesellschaft im Iran darzulegen.

2. Materialbeschaffung und Auswertung
Suche zunächst in deinen Schulbüchern und im Atlas, dann in Büchereien, in Lexika, dem Fischer Weltalmanach, in Zeitschriften (z. B. Stern, Spiegel, Focus, Geo) und im Internet.
Schau die Materialien genau durch und sortiere sie nach Themen. Lege für jedes Thema ein eigenes Blatt an, auf das du Stichwörter schreibst.
Sammele interessante Bilder, um sie später in das Referat einzufügen.
Schreibe alle Fremdwörter und Fachbegriffe auf und notiere ihre Bedeutung. Schreibe alle Orts- und Landschaftsnamen auf und informiere dich über die Lage.
Entwickle dann eine Gliederung mit mehreren Unterpunkten.
Suche interessante Beispiele zu jedem Teilthema, um es anschaulich zu gestalten.

3. Schreiben des Referats
Schreibe jetzt den zusammenhängenden Text des Referats. Füge an geeigneten Stellen Abbildungen und Beispiele ein. Du kannst auch einzelne Textstellen aus Büchern und Zeitschriften wörtlich übernehmen. Solche Zitate werden durch Anführungszeichen gekennzeichnet. Weiterhin wird die Quelle angegeben, aus der das Zitat stammt (siehe M7).

Sechs Tipps für einen guten Vortrag

1. Stelle sicher, dass alle Materialien bereit liegen.
2. Stell dich zu Anfang gerade hin. Schau die Zuhörer an, beginne erst zu sprechen, wenn alle, aber auch wirklich alle, dich anschauen und dir damit signalisieren, dass sie bereit sind, dein Referat zu hören.
3. Sprich möglichst frei. Ein Stichwortzettel hilft, den Faden nicht zu verlieren.
4. Gib den Zuhören Gelegenheit, Aufbau und Ablauf deines Referats nachzuvollziehen. Zum Beispiel kannst du die Gliederung groß auf ein Plakat schreiben und während deines Vortrags darauf verweisen.
5. Veranschauliche dein Referat mit interessanten Beispielen und Bildern.
6. Kündige zum Ende hin den Schluss an und bedanke dich zu guter Letzt für die Aufmerksamkeit.

Iran –
das Land hinter dem Schleier

vorgelegt von
Till Siebler
bei
Herrn Peter Müller,
Werkrealschule Rastatt

M2 *Titelblatt*

1. Einleitung

2. Lage des Landes

3. Landschaften und Städte
3.1 Gebirge
3.2 Wüsten
3.3 Küstenebenen
3.4 Städte

4. Geschichte

5. Heutige Situation
5.1 Politik
5.2 Religion und Bekleidungsvorschriften
5.3 Wirtschaft

6. Kulturelle Besonderheiten
6.1 Nationalgericht: Chelo Kebab
6.2 …

M3 *Gliederung*

Literatur

Christopher Bellaigue: Im Rosengarten der Märtyrer. Ein Portrait des Iran. München 2006

Steffen Gassel: Iran – das Land hinter dem Schleier. In: Stern vom 27.4.2006

Lilli Gruber: Tschador. Im geteilten Herzen des Iran. München 2006

Navid Kermani: Iran. Die Revolution der Kinder. München 2001

Luise Rinser: Khomeini und der islamische Gottesstaat. Eine große Idee, ein großer Irrtum? Starnberg 1979

Bruno Schirra: Iran – Sprengstoff für Europa. Berlin 2006

M7 *Literaturverzeichnis*

M4 *Till arbeitet an seinem Referat.*

„Traditionelle Iranerinnen tragen den Tschador, ein großes Tuch, das sie wie ein Zelt von Kopf bis Fuß bedeckt und oft mit den Zähnen festgehalten wird. Moderne Frauen bevorzugen eng anliegende, bunte Mäntel, die knapp übers Knie reichen." (Steffen Gassel: Iran – das Land hinter dem Schleier. In: Stern vom 27.4.2006, Seite 71)

M8 *Beispiel für ein Zitat*

M5 *Anschauungsmaterial: Moschee in Jesd (Jazd)*

z.B.	Lilli	Gruber:	Tschador. Im geteilten Herzen des Iran.	München 2006
	↑	↑	↑	↑
	Vorname	Name	Titel	Ort und Jahr des Erscheinens

M6 *So gibt man die Literaturhinweise an.*

Problem AIDS

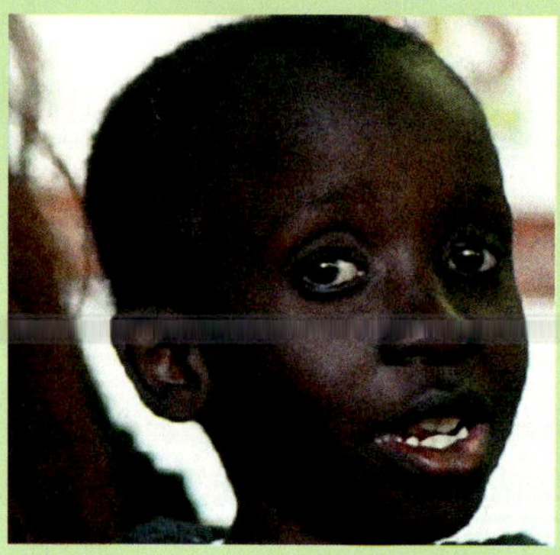

Nkosi Johnson lebte in Südafrika. Er starb am 1. Juni 2001 im Alter von zwölf Jahren an den Folgen von AIDS. Nkosi wurde bei seiner Geburt durch die an AIDS erkrankte Mutter mit dem Virus infiziert. Im Alter von zwei Jahren kam Nkosi in ein Heim für HIV-infizierte Kinder, weil er und seine Mutter wegen der Krankheit von der Familie verstoßen wurden.

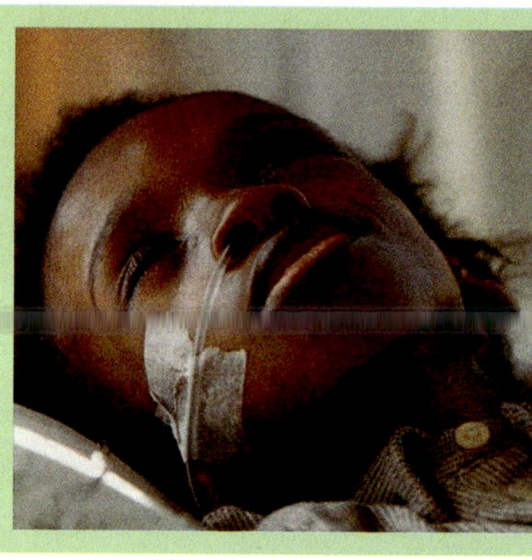

M1 *Der an AIDS erkrankte Nkosi Johnson 2000 und 2001*

AIDS breitet sich aus

Die Bevölkerungsentwicklung in Afrika wird sehr stark beeinflusst durch **AIDS**. Weltweit sind etwa 40 Millionen Menschen infiziert. 70 Prozent davon leben in Afrika südlich der Sahara. Viele Babys werden dort noch nicht einmal fünf Jahre alt, weil sie sich vor der Geburt bei ihrer Mutter angesteckt haben. Jede vierte Frau im Alter zwischen 20 und 29 Jahren trägt das tödliche Virus in sich.

Quelle

Von AIDS betroffene Personengruppen

In Afrika ist AIDS vor allem eine Krankheit der jungen Menschen. Viele junge Frauen sind infiziert und dadurch auch ihre Kinder. Heute liegt die Lebenserwartung im südlichen Afrika bei durchschnittlich 45 Jahren, das entspricht dem Stand Deutschlands von 1950. Nicht nur die Armen sterben an AIDS. Ein großer Teil der jungen Elite, der gut ausgebildeten jungen Leute, der Hoffnungsträger für die Entwicklung der Länder, stirbt.

(Nach: MAP [Monitoring the AIDS Pandemic Network]. Washington 2000)

Info

AIDS

Aids ist die Abkürzung für **A**cquired **I**mmune **D**eficiency **S**yndrome. Es wird durch den HI-Virus (engl. „human immune-defiency virus") ausgelöst. Der Virus zerstört Zellen des Immunsystems. Dadurch können sich Infektionen ungehindert im Organismus ausbreiten. Anzeichen der Krankheit sind Gewichtsverlust, Fieber und schwer verlaufende Infektionen.
Menschen, die sich infiziert haben, sind HIV-positiv. Erst wenn die genannten Krankheitssymptome auftreten, spricht man von AIDS. AIDS-Viren werden zum Beispiel durch ungeschützten Geschlechtsverkehr übertragen. Neugeborene können die Krankheit durch ihre infizierte Mutter erhalten.

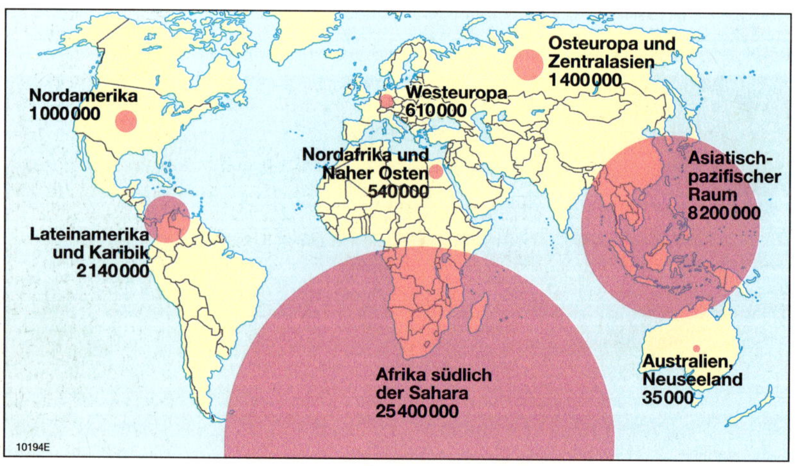

M2 *HIV-Infizierte und AIDS-Kranke weltweit (2004)*

Warum gerade Afrika?

Im südlichen Afrika leben viele junge Menschen, von denen zahlreiche weder lesen noch schreiben können. Ihnen fehlt das Wissen über Sexualität, AIDS und Verhütungsmethoden. Oft wird das Problem verharmlost oder verdrängt. Es fehlen HIV-Tests, die Gewissheit schaffen, ob sich jemand angesteckt hat oder nicht. Die Frauen sind von den Männern abhängig. Sie können ihr Sexualleben nicht selbst bestimmen. Viele Männer müssen in weit entfernten Städten arbeiten. Dort infizieren sie sich bei den wechselnden Sexualpartnerinnen, da sie sich selten mit Kondomen schützen. Sie tragen die Krankheit dann in ihre Familien.

M3 *Aufklärungsunterricht*

Aufgaben

1 Berichte, wie es zur Ausbreitung von AIDS in Afrika kommt und über mögliche Schicksale infizierter Menschen (M1).

2 Beschreibe die weltweite Ausbreitung der AIDS-Epidemie (M2).

3 Nenne Übertragungswege des HI-Virus (Info, Text).

4 Erläutere, welche Personengruppen von AIDS besonders betroffen sind.

5 Übersetze und erkläre M4.

6 Berichte über die Aufklärungsarbeit im Kampf gegen AIDS (M3–M5). Nenne Gründe, warum der Erfolg so gering ist.

M4 *AIDS-Aufklärung in Tansania*

M5 *„So funktioniert ein Kondom.“*

Merkmale eines Entwicklungslandes – Peru

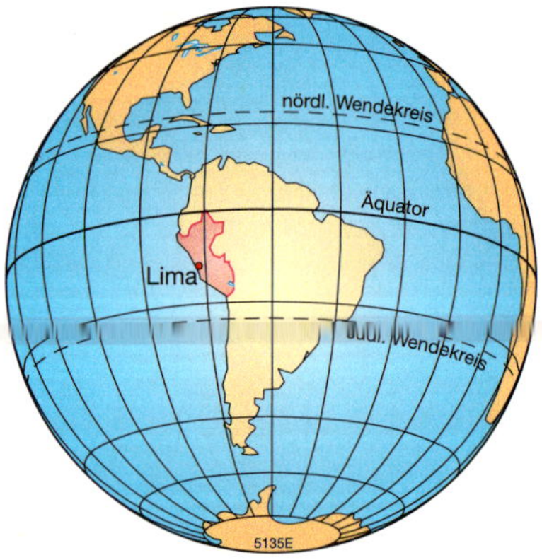

M1 *Lage von Peru*

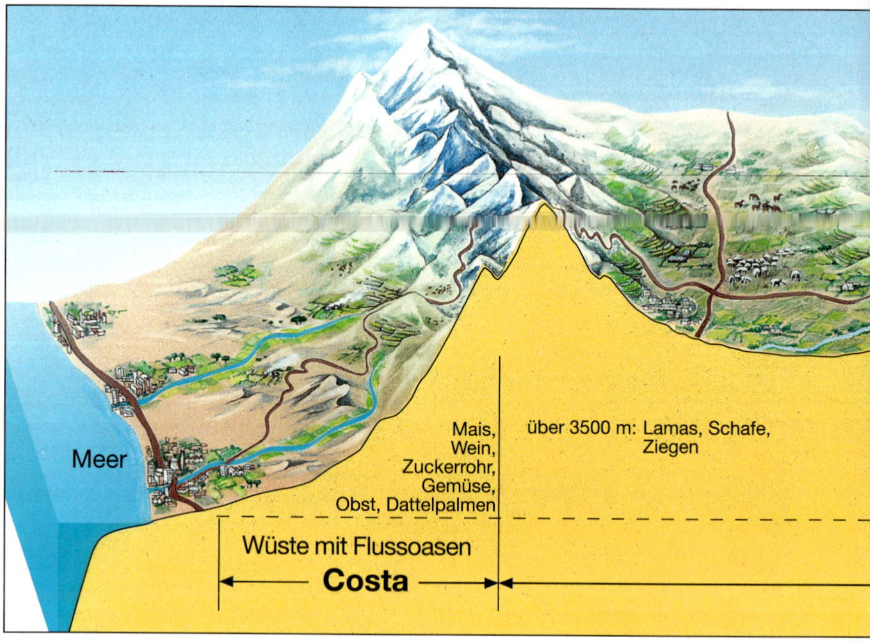

M4 *Die Großlandschaften Perus*

M2 *Verteilung der Bevölkerung*

Ein Land – drei Großlandschaften

Wenn man von Lima aus nach Osten fährt, kommt man durch drei verschiedene Großlandschaften Perus: **Costa**, **Sierra** und **Selva**. Im Westen am Pazifischen Ozean liegt die Costa, die Küstenwüste. Sie ist über 2000 km lang und 50 bis 150 km breit. Rechts und links der Straße sieht man keinen Baum und keinen Strauch, nur Sand. Die Costa wird durch Flüsse aus der Sierra unterbrochen. In diesen **Flussoasen** wird Bewässerungslandwirtschaft betrieben.

Weiter östlich schließt sich an die Costa die Sierra an; das ist das Gebirgsland der Anden. Es besteht aus mehreren Bergketten, die bis zu 6700 m hoch sind. Zwischen zwei Gebirgszügen liegt in fast 4000 m Höhe eine Hochfläche: das Altiplano mit dem Titicacasee. Hier weiden Lamas und Alpacas. Die Täler sind fruchtbar und zumeist dicht besiedelt. An den steilen Berghängen haben die Bauern Terrassen angelegt, um Landwirtschaft zu betreiben.

M3 *Autoverladung in Pucallpa*

M5 *Tankwagen mit Trinkwasser*

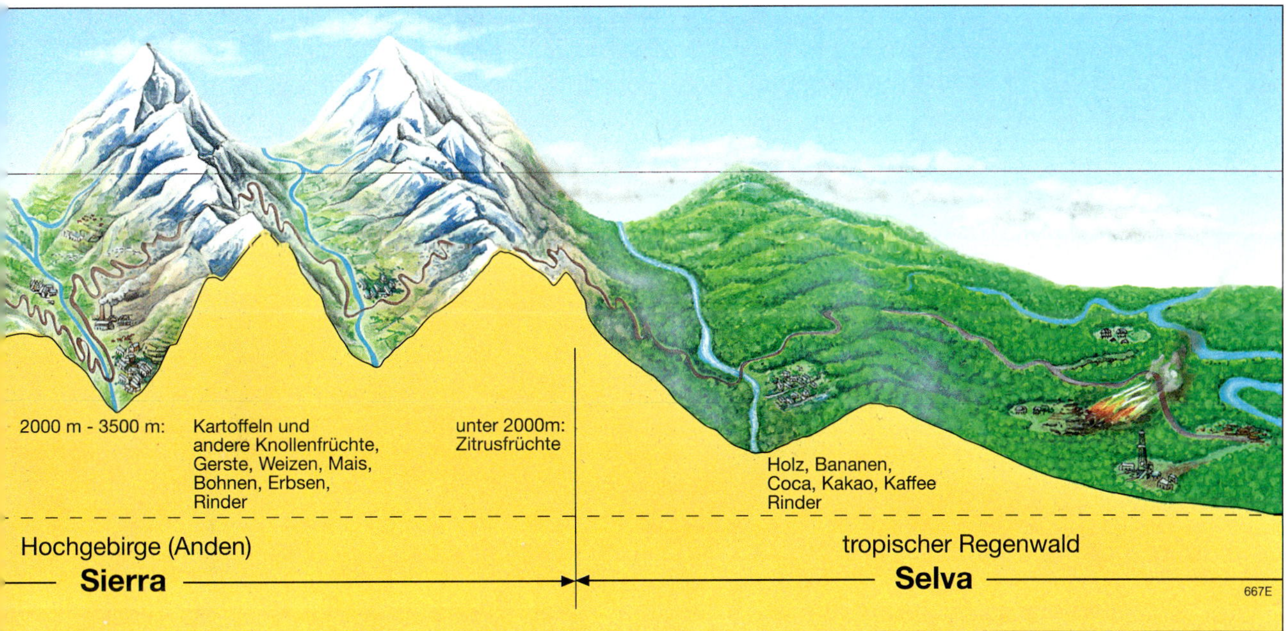

Die Selva ist das Tiefland im Osten Perus, das zum tropischen Regenwald Südamerikas gehört. Sie ist sehr dünn besiedelt und vielfach noch unerschlossen. Es gibt nur wenige Straßen, die vor allem in der Regenzeit großenteils überschwemmt sind. Hauptverkehrsmittel ist dann das „Pequepeque", ein Kanu mit Motor, auf den zahlreichen Zuflüssen des Amazonas. Auf gerodeten Flächen liegen Plantagen von Großgrundbesitzern oder internationalen Firmen. Teilweise wird Coca angebaut, dessen Blätter der Grundstoff für Kokain sind; diese Blätter werden allerdings auch zu Tee und Bonbons verarbeitet.

Ort (Landschaft, Höhe)	Lima (Costa, 128m)	Cuzco (Sierra, 3416m)	Iquitos (Selva, 108m)
Jahresniederschlag (mm)	13	750	2845
Januartemperaturen (°C)	22	16	27
Julitemperaturen (°C)	15	15	26

M6 *Niederschläge und Temperaturen*

Aufgaben

1 Lege eine Tabelle an zu den drei Großlandschaften Perus und schreibe mit Hilfe der Materialien und des Atlas Stichworte zu folgenden Themen:
a) Landschaft (Höhenlage, Pflanzen, Flüsse);
b) Klima (Niederschläge und Temperaturen);
c) Bevölkerungsverteilung, Städte;
d) Landwirtschaftliche Nutzung.

2 Ordne M3, M5 und M7 den Großlandschaften Perus zu.

bei Lima

M7 *Am Titicacasee*

Merkmale eines Entwicklungslandes – Peru

M1 *Grabstock statt Pflug*

Zu wenig Land für viele Menschen

Die Indios in der Sierra leben von der Landwirtschaft. Wie vor 500 Jahren bearbeiten sie ihr Land mit Hilfe von Grabstock und Sichel. Die meisten Bauernfamilien besitzen sehr wenig Land und betreiben **Subsistenzwirtschaft**. Von den Erträgen ihrer Landwirtschaft können sie sich zwar selbst versorgen, doch sie reichen nicht aus, um damit zum Beispiel Maschinen zu kaufen.

Neben den Bauernfamilien gibt es Hunderttausende, die kein Land besitzen. Sie sind darauf angewiesen, in den Bergwerken oder auf den landwirtschaftlichen Großbetrieben während der Erntesaison zu geringen Löhnen Arbeit zu finden.

Durch Abwanderung in die Städte hoffen die Menschen auf geregelte Arbeit und ein angenehmeres Leben. Es sind vor allem die jungen Leute, die fortziehen. Um diese **Landflucht** zu verringern, versucht die peruanische Regierung, die Lebensbedingungen auf dem Land zu verbessern.

Aufgaben

1 Überlege und notiere Auswirkungen, die die Landflucht auf die Lebensverhältnisse in der Sierra hat.

2 Beurteile die Ziele der Dorfgemeinschaft von Macari.

Das Beispiel Macari

Macari ist ein Dorf in der Nähe von Cuzco mit etwa 300 Einwohnern. Die Dorfgemeinschaft hat sich zum Ziel gesetzt, die Abwanderung aus ihrer Gemeinde zu verhindern. Hierzu nutzt sie Fördergelder der Regierung. Zunächst wurde die Wasserversorgung verbessert: Es wurden eine Quelle gefasst, ein Hochbehälter am Rand des Dorfes zum Sammeln des Wassers errichtet und von dort Leitungen zu den verschiedenen Wasserzapfstellen verlegt. Weiterhin wurde eine Straßenbeleuchtung gebaut.

Die Bauern haben sich auf die Herstellung von Ziegenkäse spezialisiert, der im ganzen Hochland und in Lima verkauft wird. Mit dem erwirtschafteten Geld konnten die Dorfbewohner einen Traktor und zwei Anhänger kaufen.

- Verbesserung der Trinkwasserversorgung (Bau von Leitungen)
- Aufforstungsprogramme
- Anbau von Grünfutter für Weidetiere
- Errichtung von Bewässerungsanlagen in der Landwirtschaft
- Einführung umweltfreundlicher und biologischer Anbaumethoden
- Förderung von Kleinunternehmen für die industrielle Verarbeitung landwirtschaftlicher Produkte

M2 *Maßnahmen zur Verbesserung der Situation in der Sierra*

M3 *Die Dorfgemeinschaft von Macari, im Hintergrund der neu gebaute Hochbehälter für das Trinkwasser*

Zu wenig Geld für wertvolle Rohstoffe

Peru verfügt nur über wenige eigene Industrien. Das Land liefert vorwiegend Rohstoffe für den Weltmarkt, zum Beispiel Zink und Kupfer. Fast alle Industriewaren müssen aus den Industrieländern importiert werden. Die **Terms of Trade** sind für Peru sehr ungünstig. Dies bringt große Probleme mit sich. Die Preise für Rohstoffe sind in den letzten Jahren gesunken; Zink- und Kupfererz sind heute billiger als vor 25 Jahren. Daher arbeiten viele Bergwerke mit Verlust. Sie müssen versuchen, die Kosten zu senken. Dagegen stiegen die Preise für Industriewaren wie Maschinen, Autos und Elektrogeräte stetig an. Um seine Entwicklung voranzutreiben, braucht Peru aber Industriegüter. Es musste bei den Industrieländern Schulden machen. Peru erhält also für seine Ausfuhrgüter immer weniger Geld und muss für seine Einfuhrgüter immer mehr zahlen.
Nicht nur Peru, auch andere Entwicklungsländer halten dies für ungerecht. Sie sagen: „Die Industrieländer leben auf unsere Kosten."

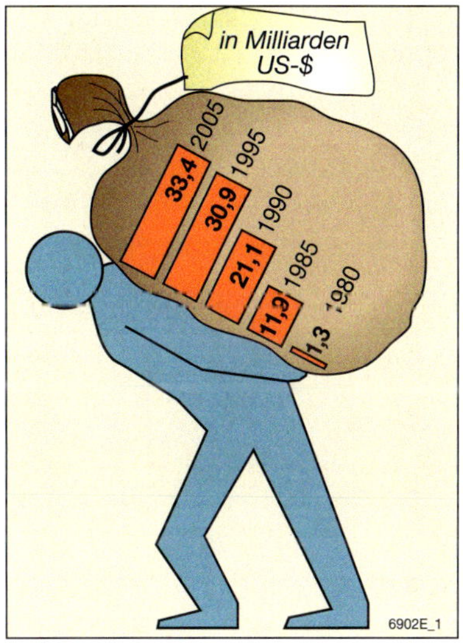

M7 *Peru: Die Last der Schulden drückt.*

Juan Carcas arbeitet seit 17 Jahren Tag für Tag in einem Kupferbergwerk in der Sierra. Diese Arbeit verrichtet er seit seinem 9. Lebensjahr, als sein Vater bei einem Unfall starb. Eine Schicht dauert zwölf Stunden. In 460 m Tiefe bricht er bei 48 Grad Celsius mit einem Presslufthammer das Erz aus dem Berg. Die Luft ist stickig und verursacht Hustenreiz. Die Maschinen sind überaltert und die Sicherheitsvorkehrungen schlecht. Die Stollen sind nur notdürftig abgestützt. Weitergehende Sicherheitsmaßnahmen wären zu teuer. Erst vor sieben Monaten sind zwei seiner Kollegen von herabstürzendem Gestein schwer verletzt worden. Sie hatten sich die Beine gebrochen und schwere Kopfverletzungen zugezogen. Eine Lebens- oder Krankenversicherung hat niemand. Kaum ein Bergmann erreicht hier das 50. Lebensjahr. Trotzdem beneiden viele Männer Herrn Carcas um seine Arbeitsstelle, denn andere Arbeit gibt es hier kaum.

M4 *Arbeitsbedingungen in der Mine San José*

Aufgaben

3 Welche Bodenschätze gibt es in Peru (Atlas)?

4 a) Berichte über die Entwicklung der Terms of Trade.
b) Welche Auswirkungen hat diese Entwicklung?

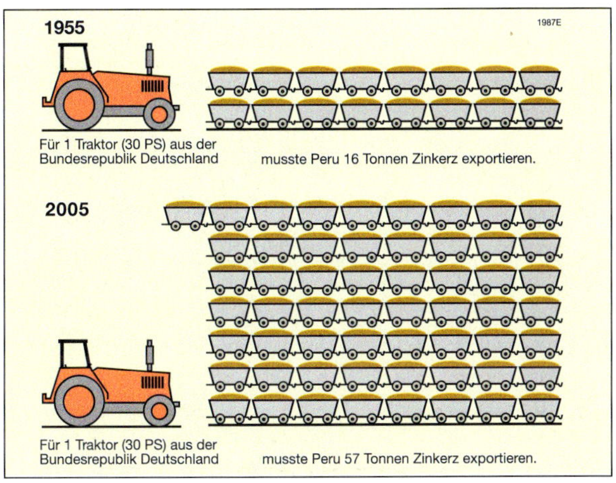

M5 *Veränderungen der Terms of Trade*

M6 *Schichtwechsel in einem Bergwerk*

Eine Metropole in Lateinamerika – Lima

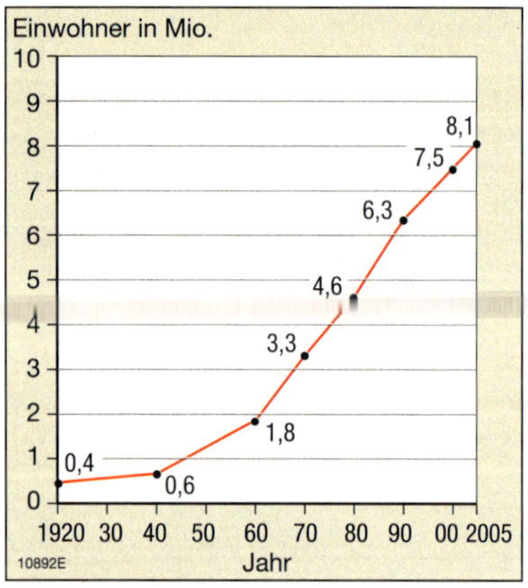

M1 *Bevölkerungsentwicklung in Lima*

M3 *Hauptplatz in Lima mit der Kathedrale*

Licht und Schatten der Metropole

Perus Hauptstadt Lima ist mit über acht Millionen Einwohnern die größte und wichtigste Stadt des Landes. Die nächstgrößere Stadt Arequipa hat „nur“ 710 000 Einwohner. In Lima konzentrieren sich über 50 Prozent aller Industrie- und Handelsunternehmen und fast drei Viertel aller Internetnutzer des Landes.

Keine andere Stadt Perus bietet derart günstige Standortbedingungen für Industrie- und Dienstleistungsbetriebe. Die Versorgung mit Elektrizität und Wasser ist gewährleistet. Viele Menschen können lesen und schreiben. Hafen und Flughafen sorgen für eine gute Verkehrsanbindung. Gehobene Wohnviertel mit eleganten Geschäften und teuren Restaurants an der Küste oder im Hinterland bieten angenehme Lebensbedingungen für die leitenden Angestellten.

Ein großer Teil der Einwohner lebt jedoch in den zahlreichen Armenvierteln am Stadtrand in der Wüste nördlich und südlich der Stadt sowie an den Berghängen im Osten. Jeden Tag kommen Hunderte von Menschen aus dem Hochland nach Lima, um hier Arbeit zu finden. Sie werden meist enttäuscht. Die Hüttensiedlungen werden von Tag zu Tag größer, die **Slumbildung** nimmt zu.

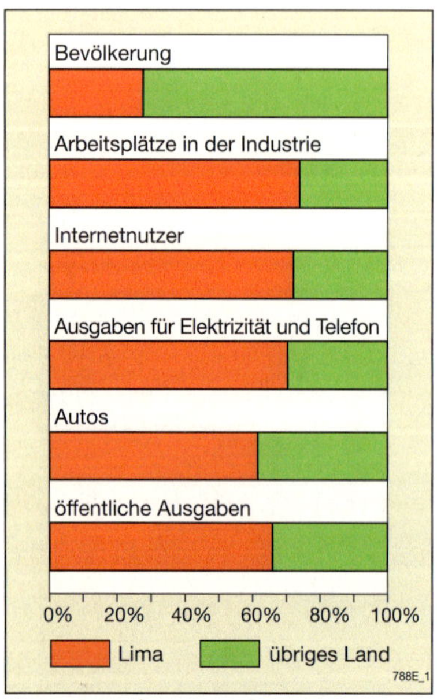

M2 *Limas Bedeutung innerhalb Perus*

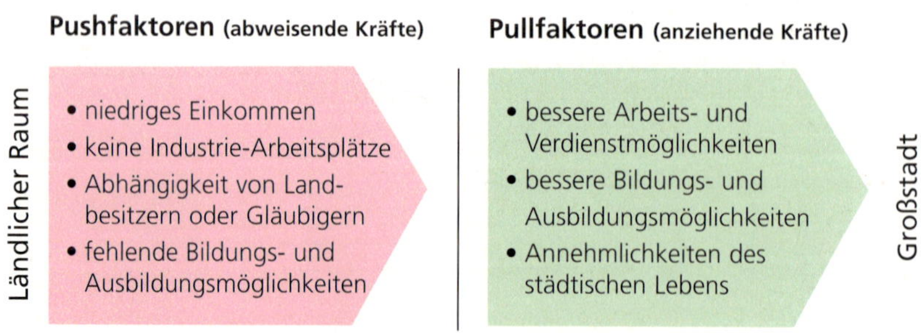

M4 *Ursachen der Landflucht*

M5 *Wohnviertel an der Küste*

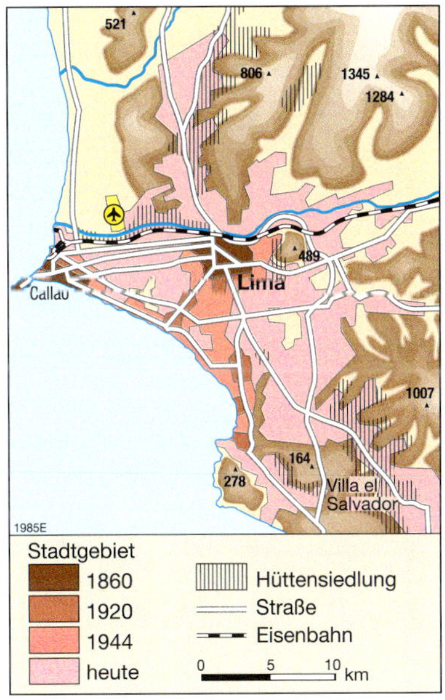

M7 *Lima wächst.*

Push- und Pullfaktoren

Die Bauern in den ländlichen Gebieten erhalten nur wenig Geld für die Nahrungsmittel, die sie auf dem Markt verkaufen. Für sie lebenswichtige Waren, wie Stoffe, Streichhölzer oder Kerzen, werden dagegen von Tag zu Tag teurer. Dies ist nur einer der **Pushfaktoren**, die die Landflucht verursachen.

Dagegen hört die Landbevölkerung in Erzählungen Wunderbares über die großen Städte, vor allem über die Hauptstadt Lima. Diese **Pullfaktoren** bewirken, dass die Städte immer größer werden.

In der Regel erfüllen sich die Wünsche der Zuwanderer nicht. Sie bauen sich am Stadtrand Hütten aus Strohmatten und Wellblech. So haben sich riesige Armenviertel entwickelt, in denen es teilweise kein fließendes Wasser und Toiletten gibt. Krankheiten können sich leicht ausbreiten.

M6 *Hüttensiedlung am Stadtrand*

Aufgaben

1 Lima ist eine Metropole. Begründe diese Aussage.

2 Was versteht man unter Push- und Pullfaktoren? Erkläre am Beispiel von Peru (M4).

3 a) Die Probleme des unkontrollierten Städtewachstums sind besonders groß, wenn sich die städtische Entwicklung in einem Land überwiegend in einer einzigen Stadt konzentriert. Man spricht von einer so genannten „Primacy-Situation“, wenn die größte Stadt des Landes mindestens dreimal so groß ist wie die nächst kleinere. Erläutere, ob das bei Lima der Fall ist.
b) Erstelle eine Liste der Probleme.

Projekt

Wir untersuchen einen Ballungsraum

Natürliche Grundlagen
Lage der Stadt (an der Küste, einem Fluss, im Landesinneren, Ebene, Tal, Berg), klimatische Verhältnisse (Temperaturen, Niederschläge), Pflanzen- und Tierwelt

Geschichte
Jahr der Gründung, Grundriss, Entwicklung (Zunahme der Stadtfläche)

Bevölkerung
Entwicklung der Bevölkerungszahl, Zusammensetzung der Bevölkerung (Anteil der verschiedenen Altersgruppen, soziale Differenzierung)

M1 *Viele Merkmale prägen einen Ballungsraum*

Rang	Ballungsraum	Fläche in km²	Einwohner
1	Tokio	13 138	33 413 000
2	Seoul	4 374	20 379 000
3	Bombay	4 335	18 576 000
4	Mexiko-Stadt	4 607	17 660 000
5	São Paulo	4 779	17 276 000
6	Jakarta	1 617	16 853 000
7	New York	10 768	15 885 000
8	Kairo	1 436	14 793 000
9	Manila	2 175	13 930 000
10	Kalkutta	1 405	13 790 000
11	Delhi	1 483	13 783 000
12	Los Angeles	12 561	12 366 000
13	Osaka-Kobe	2 850	12 260 000
14	Shanghai	1 599	11 778 000
15	Buenos Aires	3 880	11 454 000
16	Dhaka	1 530	9 983 000
17	Karachi	1 193	9 920 000
18	Paris	2 576	9 644 000
19	Rio de Janeiro	2 349	8 732 000
20	Peking	1 370	8 503 000

M2 *Die 20 größten Ballungsräume der Erde*

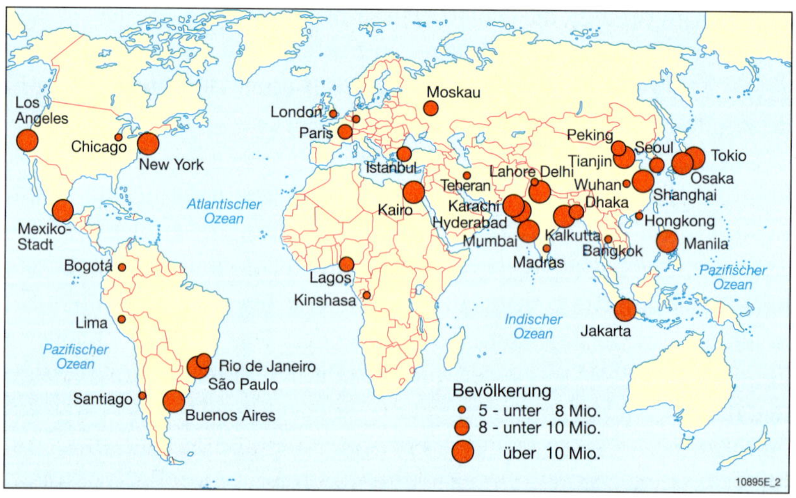

M3 *Große Ballungsräume der Erde 2005*

Info

Ballungsraum
Ein Ballungsraum ist ein Gebiet mit hoher Einwohnerdichte, einem großen Angebot an Arbeitsplätzen und gut ausgebautem Verkehrsnetz. Er ist gekennzeichnet durch die Konzentration von Menschen, Einrichtungen der Infrastruktur und Produktionsanlagen. Man unterscheidet monozentrische Ballungsräume (z. B. Paris, Lima) und polyzentrische Ballungsräume (z. B. Rhein-Ruhr-Ballung).
In Deutschland sind Ballungsgebiete als Räume definiert, die mindestens 500 000 Einwohner bei einer Bevölkerungsdichte von mindestens 1000 Einwohner/km² aufweisen.

Wirtschaft und Verkehr
wichtige Industrien, Dienstleistungen, Bedeutung des Ballungsraumes für das gesamte Land (Metropole), Verkehrswege und Verkehrseinrichtungen (Eisenbahnlinien, Autobahnen, Anbindung des Umlandes, Bahnhof, Flughafen)

Wissenschaft und Kultur
Universitäten, Schulen, Bauweise, Religion, Kleidung, Theater, Kinos, Museen

Gliederung
Aufbau (mono- oder polyzentrisch), Lage von Stadtvierteln (City, Wohngebiete, Industrie- und Gewerbegebiete, Erholungsgebiete)

Wir untersuchen einen Ballungsraum

Auf der Erde gibt es über 40 große Ballungsräume. Im Jahr 1900 lebten nur 15 Prozent der Menschheit in Städten, heute sind es über 50 Prozent.

Die Ballungsräume der Erde sehen ganz unterschiedlich aus und sind zu verschiedenen Zeiten entstanden. Paris und New York hatten schon um 1900 mehrere Millionen Einwohner. Lagos und Jakarta entwickelten sich erst in den letzten Jahren zu Ballungsräumen. Die Stadtbilder von Los Angeles, Kairo und Tokio unterscheiden sich auch aufgrund der unterschiedlichen kulturellen Grundlagen. Es ist daher sehr interessant, sich selbst einen Ballungsraum auszusuchen, um seine Besonderheiten zu erfahren. Hier findest du Hinweise, an einem selbst gewählten Beispiel einen Ballungsraum nach ausgewählten Kriterien zu untersuchen.

- Atlas
- Länderlexikon
- Fischer Weltalmanach
- Reiseführer
- Botschaft des Landes, in dem der Ballungsraum liegt
- Zeitungen
- Sachbücher
- Zeitschriften, z. B. Geo, Merian
- Reisekataloge
- Internet-Adressen, z. B. www.auswaertiges-amt.de; www.erdkunde.com
- Microsoft Encarta Enzyklopädie
- Der Brockhaus Multimedial
- Suchmaschinen, z. B. www.google.de
- Internet-Lexikon, z. B. Wikipedia (de.wikipedia.org/wiki/Hauptseite)

M4 *Verschiedene Informationsquellen*

So untersuchst du einen Ballungsraum:

1. Du wählst einen Ballungsraum aus. Hinweise liefern M2 und M3.
2. Du beschaffst dir Material. Besorge dir Material in der Schul- oder Gemeindebibliothek. Nutze möglichst viele Quellen (M4).
3. Du wertest das Material aus. Überlege nach der ersten Sichtung der Materialien, welche Kriterien du bei deiner Untersuchung besonders herausstellen möchtest (M1).
4. Du trägst die Ergebnisse vor. Du kannst die Ergebnisse deiner Untersuchung als Hausarbeit, Referat, Wandzeitung oder Präsentation gestalten.

10923E_3

Präsentieren mit Power-Point

Info

Power-Point
Power-Point ist ein Computerprogramm, um Präsentationsfolien zu erstellen.
Mit Hilfe eines Beamers (engl. to beam: strahlen) können diese Folien vom Computer auf eine helle Wand im Klassenzimmer projiziert werden.
Ein weiteres Präsentationsprogramm ist Impress von StarOffice. StarOffice 7 ist in Baden-Württemberg für Schulen kostenlos über die Landesmedienzentren erhältlich.

Präsentieren will gelernt sein

Laura Huber aus der Klasse 10a hat den Ballungsraum Peking untersucht und daraus eine Power-Point-Präsentation entwickelt. Sie hat Tipps für ihre Mitschülerinnen und Mitschüler zusammengestellt.

So gehst du vor

1. Schritt: Öffnen des Programms
Starte Power-Point. Nach dem Start erscheint ein Fenster, in dem du zwischen *„Autoinhalt-Assistent"*, *„Entwurfsvorlage"* und *„leere Präsentation"* wählen kannst. Wähle die Option *„leere Präsentation"* und bestätige mit *„OK"*. (Sollte sich dieses Fenster nicht öffnen, dann gehe in der Menü-Leiste auf *„Einfügen"* und wähle hier *„Neue Folie"*.) Es öffnet sich ein Fenster mit *„AutoLayout"*-Vorschlägen (M1).

2. Schritt: Erstellen von Folien
Lege zunächst eine Titelfolie an. Wähle hierzu aus dem *„AutoLayout"*-Fenster eine passende Vorlage und bestätige mit *„OK"*. Klicke mit der Maus in die Textfelder, um deinen Text einzufügen.
Um weitere Folien zu erstellen, wähle im Menü *„Einfügen"* die Option *„neue Folie"* (M2).

3. Schritt: Speichern
Gehe auf *„Datei"* und dann auf *„Speichern unter"*. Wähle einen Dateinamen und einen Speicherort und bestätige mit *„Speichern"*. Um deine Arbeit im weiteren Verlauf zu speichern, genügt ein Klick auf das Diskettensymbol in der Menü-Leiste.

4. Schritt: Starten der Präsentation
Wähle in der Menü-Leiste *„Bildschirmpräsentation"* die Option *„Bildschirmpräsentation vorführen"*. Durch Klick auf die Leertaste erscheint die nächste Folie. Weitere Einstellungen kannst du unter *„Bildschirmpräsentation einrichten"* vornehmen.

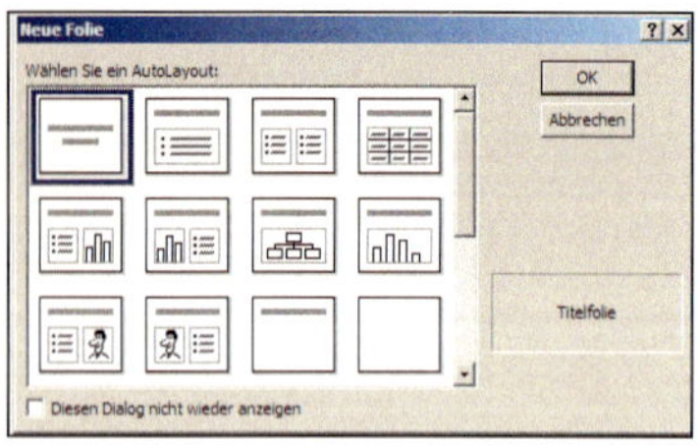

M1 *Wahl einer Folienvorlage (AutoLayout)*

M2 *Anlegen weiterer Folien*

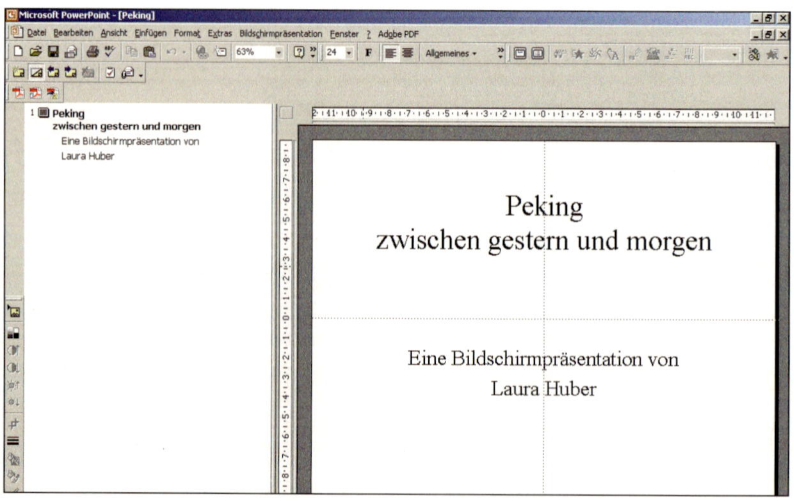

M3 *Titelfolie im Standard-Design*

Tipps für zusätzliche Gestaltungsmöglichkeiten

- **Einfügen von ClipArts aus Power-Point:** Wenn dir keine Abbildungen für deine Präsentation zur Verfügung stehen, hält das Programm eine Vielzahl von ClipArts für dich bereit. Wähle im Menü *„Einfügen"* die Option *„Grafik"*. Es öffnet sich ein weiteres Fenster. Wähle hier die Option *„ClipArt"*. In der folgenden Auswahl findest du verschiedene Ordner. Durch Klick auf die jeweiligen Ordner werden die verfügbaren Grafiken des Ordners angezeigt. Klicke mit der rechten Maustaste auf deine ausgewählte ClipArt und wähle in dem sich zeigenden Untermenü die Option *„Einfügen"* (M5).
- Einfügen von eigenen ClipArts: Um Grafiken, Bilder und Symbole aus anderen Dateien einzufügen, wähle in der Menü-Leiste „Einfügen", „Grafik" und dann die Option „aus Datei". Hier kannst du dann den entsprechenden Ordner, in dem sich deine Bilder befinden, anwählen.
- Äußere Gestaltung der Präsentation: Damit deine Präsentation ansprechender aussieht, kannst du sie mit einem Design (äußere Gestaltung) versehen (M4). Klicke auf „Format" in der Menü-Leiste und dann auf „Entwurfsvorlage übernehmen" (M6). Wähle ein Design aus und klicke dann auf „Übernehmen". Deine gesamte Präsentation wird nun mit diesem Design versehen.

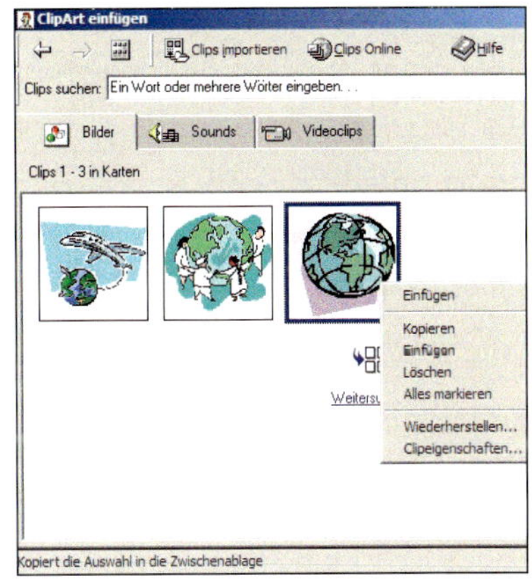

M5 *Einfügen von ClipArts*

Nützliche Tipps für die Arbeit

- Lege vor der Erstellung der Präsentation eine Gliederung an.
- Bei Referaten sollten sich die Informationen auf den Folien und dein mündlicher Vortrag gut ergänzen.
- Bedenke, dass bei Präsentationen mit einem Beamer Texte und Bilder ausreichend groß sein müssen.

M4 *Titelfolie mit zwei Bildern im Ringbuch-Design*

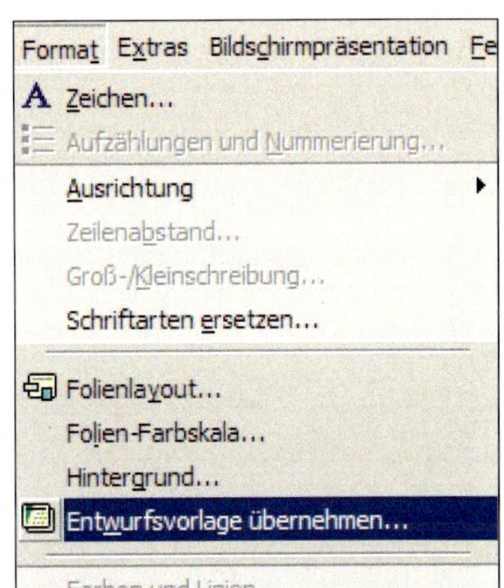

M6 *Übernehmen von Entwurfsvorlagen*

Eine Welt – ungleich aufgeteilt

1. Grundbedürfnisse

Die Abbildungen zeigen Grundbedürfnisse. Schreibe zu jedem Grundbedürfnis einen kurzen Text im Hinblick auf folgende Aussage: Die Welt – ungleich aufgeteilt.

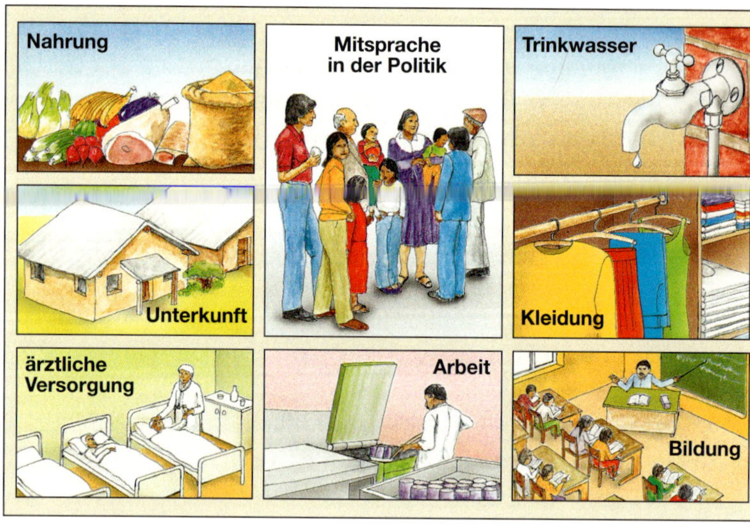

2. Die Länder der Dritten Welt im Welthandel

a) Erkläre den Begriff „Terms of Trade“.
b) Wende den Begriff auf Peru an und erkläre.

3. Landflucht

Übertrage die Abbildung in dein Heft und setze die fehlenden Begriff ein.

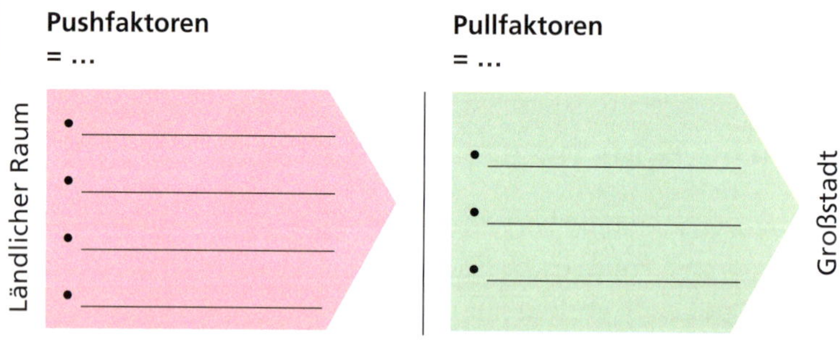

4. Probleme der Länder der Dritten Welt

Die Abbildungen zeigen verschiedene Probleme der Länder der Dritten Welt. Schreibe zu jedem Bild einen erklärenden Text.

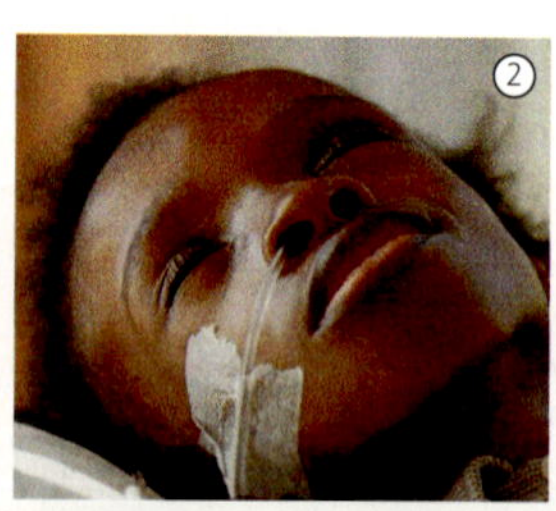

Arme Länder, reiche Länder

Kennzeichen für die Wirtschaftskraft eines Landes ist das Bruttoinlandsprodukt (BIP). Man unterscheidet Entwicklungsländer und Industrieländer. Die Länder im Übergang werden Schwellenländer genannt. Der Entwicklungsstand der Staaten kann durch den Human Development Index (HDI) angegeben werden. Hierbei wird nicht nur das BIP, sondern es werden auch die Lebenserwartung und das Bildungsniveau berücksichtigt.

Bevölkerungsentwicklung und Verstädterung

Heute leben auf der Erde über sechs Milliarden Menschen. Im Jahr 2050 werden es fast neun Milliarden sein. In den Industrieländern wächst die Bevölkerung nur mäßig oder nimmt sogar ab. In den Entwicklungsländern kommt es zu einer Bevölkerungsexplosion. Weltweit nimmt die Verstädterung zu.

Problem AIDS

Vor allem in Afrika wird die Bevölkerungsentwicklung stark durch AIDS beeinflusst. 70 Prozent aller mit dem HI-Virus infizierten Menschen leben im südlich der Sahara gelegenen Teil Afrikas. Dort ist die Analphabetenrate hoch, sodass Informationen über Ansteckungsgefahr und Schutzmöglichkeiten schwer zu vermitteln sind.

Merkmale eines Entwicklungslandes – Peru

Peru gliedert sich in die drei Großlandschaften Costa (Küstenland mit Wüste), Sierra (Gebirgsland der Anden) und Selva (tropischer Regenwald). Viele junge Menschen wandern aus den ländlichen Regionen in die großen Städte, vor allem nach Lima, ab, weil sie sich dort bessere Lebensbedingungen erhoffen. Die Regierung versucht, die Landflucht durch finanzielle Stärkung der ländlichen Räume einzudämmen. Das Dorf Macari in der Nähe von Cuzco ist ein Beispiel dafür.

Peru liefert vorwiegend Rohstoffe für den Weltmarkt. Die meisten Industriewaren muss das Land importieren. Wegen der ungünstigen Terms of Trade ist Peru bei den Industrieländern stark verschuldet.

Perus Hauptstadt Lima ist eine Metropole. Mit etwa acht Millionen Einwohnern beherbergt sie mehr als ein Viertel aller Bewohner des Landes. Hier konzentrieren sich auch über 50 Prozent der Industrie- und Dienstleistungsunternehmen. Wegen der starken Landflucht wächst die Stadt schnell. Viele der Neuankömmlinge müssen sich in den Armenvierteln am Stadtrand niederlassen. Hier errichten sie Hütten aus Materialien wie Wellblech und Stroh. Oft gibt es weder Wasser- noch Stromanschluss.

Grundbegriffe
- Bruttoinlandsprodukt (BIP)
- Entwicklungsland
- Industrieland
- Human Development Index (HDI)
- Schwellenland
- Least Developed Country (LDC)
- Bevölkerungsexplosion
- Verstädterung
- Metropole
- Tschador
- AIDS
- Costa
- Sierra
- Selva
- Flussoase
- Subsistenzwirtschaft
- Landflucht
- Terms of Trade
- Slumbildung
- Pushfaktor
- Pullfaktor

TOYS TOYS TOYS
Levi's
DOCKERS
Fisher Price
Barbie
TOYS
LEGO
MAMA FIRST ! TOYS NEXT ! PAPA LAST !!
FUN-TASTIC
Barbie
WALT DISNEY'S
FUNSKOOL
TOYS
EQUIPMENT

Globalisierung und nachhaltiges Wirtschaften

Verflechtung der Handelsbeziehungen

Chancen und Risiken eines freien Weltmarktes

Informationsgesellschaft und Multimedia

An den Grenzen des Wachstums

Erneuerbare Energien

Klimaschutz – eine Aufgabe für alle

Rollenspiel zum Klimawandel

◀ **M1** *In der Brigade Road in Bangalore (Indien)*

Verflechtung der Handelsbeziehungen

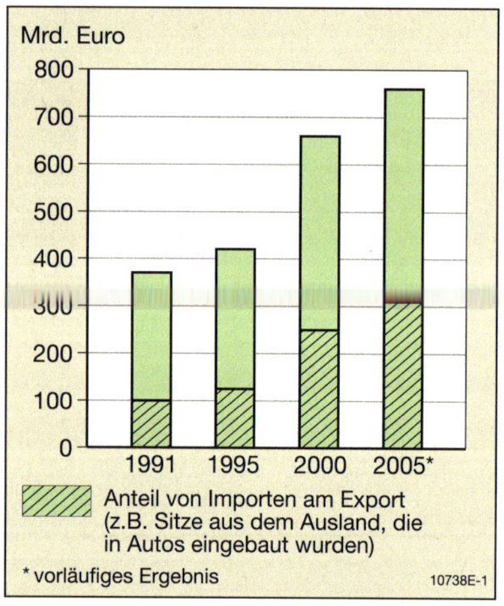

M1 *Deutschland: Entwicklung des Exports insgesamt und des Anteils von Importen am Export*

Deutsche Firmen – weltweit erfolgreich

In den letzten Jahrzehnten wurden große Fortschritte auf dem Gebiet der Transporttechnik gemacht (z. B. schneller und sicherer Gütertransport durch Container seit Anfang der 1960er Jahre). Außerdem wurden moderne Kommunikationstechniken eingeführt (z. B. Mail, Internet). Dadurch ist die wirtschaftliche Zusammenarbeit zwischen Staaten und Unternehmen weltweit leichter geworden. Dies hat zu einem starken Anstieg des **Welthandels** geführt (M5).

Von diesen günstigen Bedingungen hat auch Deutschland profitiert. Die Exporte sind seit 1995 um über 80 Prozent und die Importe um 70 Prozent angestiegen. In den nächsten Jahren rechnet die deutsche Wirtschaft mit einem weiteren Anstieg des Außenhandels durch die EU-Osterweiterung (siehe Seite 121 M4). Darüber hinaus sollen die Handelsbeziehungen mit Russland und den wachstumsstarken asiatischen Ländern (z. B. China, Indien) ausgebaut werden.

Die deutschen Firmen sind auf dem Weltmarkt erfolgreich. Sie bieten qualitativ hochwertige Waren preiswert an. Sie sind dazu in der Lage, weil Konzerne wie DaimlerChrysler oder Siemens und mittelständische Unternehmen Zweigwerke im Ausland errichtet haben (siehe Seiten 126/127). Sie umgehen dadurch häufig bestehende Handelshemmnisse wie hohe Steuern für Importe von Fertigwaren.

Deutsche Firmen nutzen weitere Standortvorteile im Ausland (z. B. billige Arbeitskräfte, Zugang zu preiswerten Rohstoffen). Bis zum Jahr 2010 wollen deutsche Unternehmen im Ausland rund 300 000 neue Arbeitsplätze schaffen. Es müssen Milliardenbeträge investiert werden. Solche **Auslandsinvestitionen** sind ein Hinweis auf die zunehmende Verflechtung und das Anwachsen der internationalen Handelsbeziehungen, das heißt die **Globalisierung** des Welthandels.

Deutsche Investitionen im Ausland	
Zahl deutscher Unternehmen im Ausland	16 700
davon:	
Industrie	5 200
Handel	4 800
Zahl der Beschäftigten	2,8 Mio.
Umsatz der Unternehmen	690 Mrd. €
Ausländische Investitionen in Deutschland	
Zahl ausländischer Unternehmen in Deutschland	6 100
davon:	
Industrie	1 400
Handel	1 800
Zahl der Beschäftigten	0,9 Mio.
Umsatz der Unternehmen	400 Mrd. €

(Quelle: Deutsche Bundesbank 2005)

M2 *Auslandsinvestitionen*

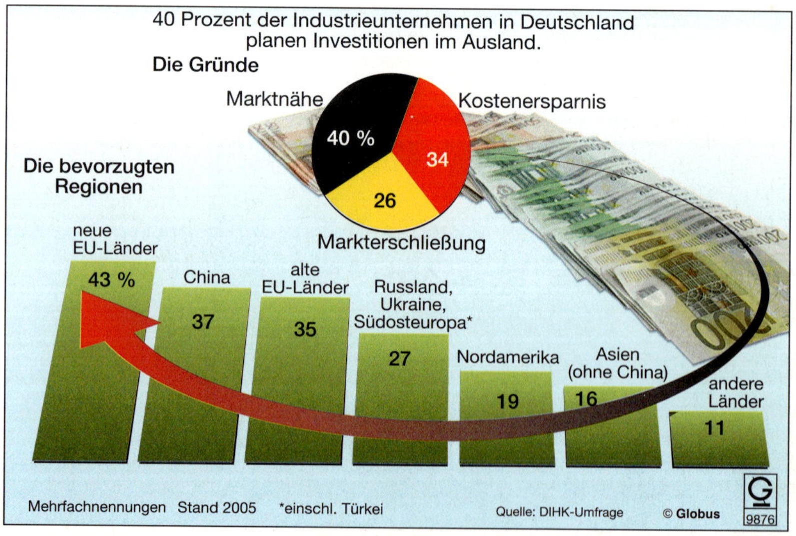

M3 *Investitionen deutscher Unternehmen im Ausland*

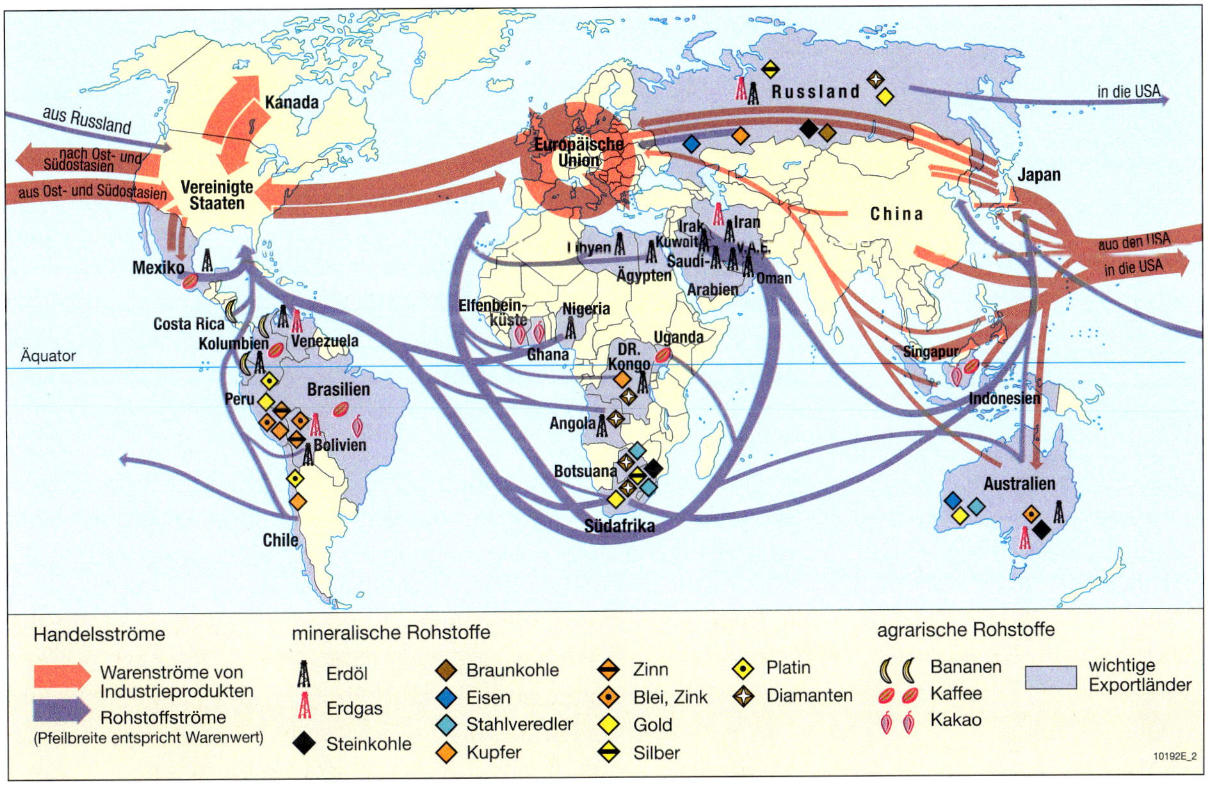

M4 *Die wichtigsten Rohstoffe und Handelsströme*

Jahr	Mrd. US-$	Jahr	Mrd. US-$
1980	2000	1995	4740
1985	1930	2000	5740
1990	3420	2005	10170

M5 *Entwicklung des Welthandels (Exporte)*

Quelle

Ein Chip geht um die Welt

Die Airbags in einem Auto werden durch einen Computerchip gesteuert. Solche Chips werden in Boston (USA) produziert, dann zum Testen auf die Philippinen geschickt und von dort weiter nach Taiwan, wo sie verpackt werden. Von Taiwan werden die Chips per Flugzeug nach Deutschland transportiert, wo sie in die Autos der Firma BMW eingebaut werden. Die Autos werden nach Brasilien exportiert, wo zum Beispiel eine Firma mehrere BMWs als Geschäftswagen kauft.

Ein Facharbeiter in Boston arbeitet also mit einem unausgebildeten Arbeiter auf den Philippinen zusammen und der wiederum mit einem halbausgebildeten Arbeiter auf Taiwan. Und sie alle arbeiten mit einer hoch bezahlten Arbeitskraft in den BMW-Werken zusammen. Alle arbeiten für einen Chip, der 50 Dollar kostet, und sind abhängig von einem Absatzmarkt in Brasilien.

(Nach: Süddeutsche Zeitung vom 13./14.2.1999)

Aufgaben

1 Beschreibe die Entwicklung des Welthandels und stelle sie grafisch dar (M5).

2 Erläutere den Welthandel mit Hilfe M4 (Rohstoffvorkommen, Warenströme für Rohstoffe und Industrieprodukte, wichtige Handelsländer).

3 Warum produzieren deutsche Firmen im Ausland (M3)?

4 Globalisierung bedeutet nicht nur mehr Handel zwischen den Staaten der Welt.
Erkläre (M1, M2, Quelle, Bild Seite 84/85).

Chancen und Risiken eines freien Weltmarktes

In Indien wird Baumwolle angebaut, die in der Türkei zu Garn gesponnen und in Taiwan zu einem Stoff gewebt wird. In Frankreich wird dieser Stoff gefärbt, um dann in Honduras unter Verwendung von Reißverschlüssen und Knöpfen aus Großbritannien zu einer Jeans genäht zu werden. Das Ganze geschieht im Auftrag einer US-amerikanischen Firma, die für den deutschen Markt produzieren lässt. Die „abgetragene" Jeans landet schließlich in einem Altkleidercontainer, von wo aus sie eine niederländische Verwertungsfirma nach Ghana auf den Altkleidermarkt bringt.

(Nach Tobias Reichert, James Desai: Die Welthandeldebatte. Aachen 1999, S. 13)

M1 *Weltreise einer Jeans*

Handel mit Textilien – eine Verhandlungssache

Die Verlagerung von Produktionsstätten ins Ausland hat in Deutschland zum Abbau von Arbeitsplätzen geführt. Davon betroffen waren alle Branchen der deutschen Industrie, insbesondere die Textil- und Bekleidungsindustrie. Allein in diesem Bereich ist die Zahl der Beschäftigten zwischen 1995 und 2005 um 45 Prozent auf rund 140 000 zurückgegangen. Massenwaren wie Jeans, T-Shirts oder Socken können zum Beispiel in der Türkei, in Tunesien oder China preiswerter produziert werden als in Deutschland, weil dort die Löhne viel niedriger sind. Chinesische Firmen etwa zahlen für eine Arbeiterstunde weniger als zwei, deutsche Firmen dagegen bis zu 21 Euro.

Der Konkurrenzdruck für die deutsche Textil- und Bekleidungsbranche ist noch größer geworden, nachdem ab 1. Januar 2005 weltweit alle bisherigen Importquoten (Festlegung von Mengen für Einfuhren) weggefallen sind. Diese **Liberalisierung des Weltmarktes** hat einerseits zusätzliche Chancen für die Exportländer eröffnet. Andererseits sind mit dem freien, unbegrenzten Handel auch Risiken verbunden. Länder wie zum Beispiel Portugal befürchten eine Flut billiger Textilien und Kleidungsstücke, die zu einem Zusammenbruch der heimischen Textil- und Bekleidungsindustrie führen könnte. Dort arbeiten noch fünf von 100 Beschäftigten in der Kleider- und Stoffproduktion, in Deutschland jedoch noch nicht einmal einer von 100.

Aus diesem Grund haben sich die Europäische Union (EU) und China im Juni 2005 darauf geeinigt, die Einfuhr für zehn Produkte der Bekleidungs- und Textilindustrie bis zum Jahr 2008 zu begrenzen. Diese Vereinbarung gilt zum Beispiel für T-Shirts, Hemden, Pullover, Herrenhosen, Blusen, Tisch- und Küchenwäsche.

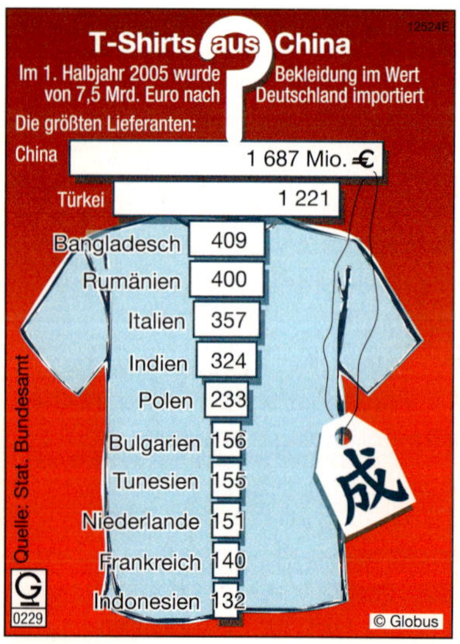

M2 *Genäht für Deutschland*

M3 *Näherinnen in China*

Quelle 1

Standort Deutschland – „Wanderzirkus" Textilindustrie

Einer der letzten Nähsäle in Deutschland gehört der Firma Kastell in Hösbach (Bayern). Hier werden Anzüge auch in Sondergrößen gefertigt. „Das können die großen Anbieter oft nicht mehr", sagt ein Sprecher des Unternehmens. Mit der Herstellung von Maßkonfektion für Kunden mit Passformproblemen hat Kastell eine Nische für die wirtschaftlich erfolgreiche Produktion im Inland gefunden. Die Firma musste dennoch Arbeitsplätze ins Ausland verlagern. Heute beschäftigt Kastell nur noch 45 Näherinnen, die im Durchschnitt 40 Anzüge am Tag herstellen; in den 1970er Jahren wurden pro Tag bis zu 400 Anzüge produziert.

Die Suche nach den Ursachen für den Abbau von Arbeitsplätzen in der deutschen Textil- und Bekleidungsindustrie führt in **Niedriglohnländer** wie China, wo Kleider für Firmen wie Boss, Pierre Cardin und Adidas produziert werden. China hat heute einen Anteil von 50 Prozent am Weltmarkt. Aber wie lange noch? Längst suchen Textil- und Bekleidungshersteller nach Möglichkeiten, wo sie noch billiger produzieren können, zum Beispiel in Russland.

(Nach: www.br-online.de/bayern-heute vom 14.8.2006)

Info

Welthandelsorganisation

Die Welthandelsorganisation (WTO, engl.: World Trade Organization) wurde 1995 gegründet und hat ihren Sitz in Genf (Schweiz). Die WTO ist eine internationale Organisation. Sie hat 149 Mitglieder (Stand: 2006). Auch Deutschland ist Mitglied. Die WTO setzt sich für einen freien Welthandel ein und verlängerte deshalb im Jahr 2005 nicht das Textilabkommen. Dieses Abkommen schützte die Textil- und Bekleidungsindustrie in den Industriestaaten vor billigen Importen aus den wirtschaftlich noch nicht so weit entwickelten Ländern wie China.

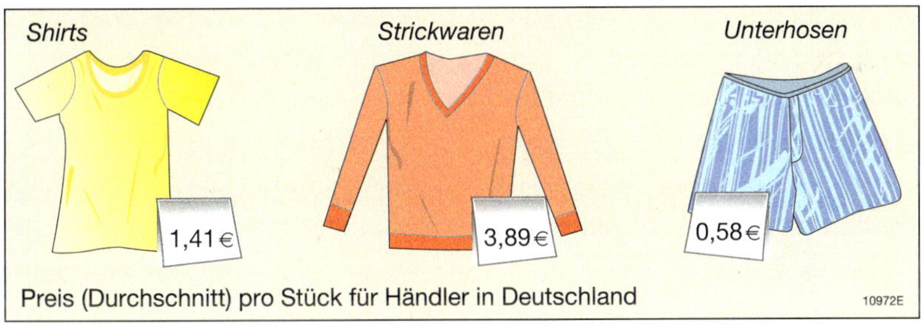

M4 *Importpreise für Textilien aus China 2005. So günstig wie die Chinesen kann keine deutsche Firma produzieren.*

Quelle 2

Textilarbeiterinnen in Lesotho (Afrika) – Opfer der Globalisierung

Frau Mamashoebane Onodugu arbeitet seit zwei Jahren als Näherin in einer Textilfabrik in Lesotho. Nun hat sie, ebenso wie 35 weitere Frauen, ihren Job verloren. Die chinesischen Eigentümer haben die Firma geschlossen und sind nach Asien zurückgekehrt. Der Grund: China, das Mitglied der **Welthandelsorganisation (WTO)** ist, darf seit Januar 2005 so viel Textilien produzieren und exportieren, wie es will.

Das Land Lesotho ist jetzt nicht mehr wettbewerbsfähig, denn Monatslöhne von umgerechnet 80 Euro sind zu viel, wenn man mit China konkurriert.

Die Textilarbeiter in Lesotho fühlen sich von den Chinesen verraten. Fast alle der insgesamt 50 000 Arbeitsplätze in der Textilbranche sind in Gefahr. Die Globalisierung hat nun auch die Dörfer in Lesotho erreicht – mit verheerenden Folgen. Jeder Arbeitsplatz ernährt dort mindestens zehn Menschen.

(Nach: Fernsehsendung „Weltspiegel" vom 8.5.2005)

Aufgaben

1 a) Zeichne mit Hilfe von M1 eine Weltkarte zur Herstellung einer Jeans (Länder einfärben und in der richtigen Reihenfolge mit Pfeilen verbinden).
b) Erkläre an diesem Beispiel den Begriff Globalisierung.

2 Erläutere am Beispiel der Textil- und Bekleidungsindustrie die Chancen und Risiken des freien Welthandels für China, Deutschland und Lesotho (M2–M4, Quellen 1 und 2).

Chancen und Risiken eines freien Weltmarktes

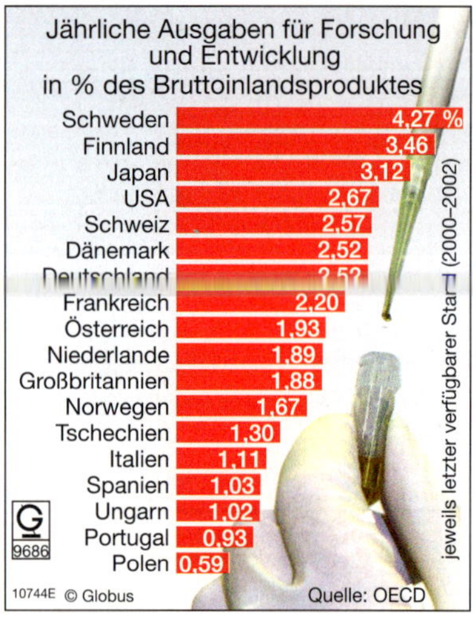

M1 *Zukunftsinvestitionen*

Die deutsche Wirtschaft im Zeichen der Globalisierung

Die deutsche Industrie stellt Qualitätserzeugnisse her. Außerdem werden immer wieder neue Produkte angeboten, über die man nur staunen kann. So hat zum Beispiel ein Unternehmen aus Solingen (Nordrhein-Westfalen) ein Messer auf den Markt gebracht, das nie nachgeschärft werden muss. Das war nicht bloß nur eine Weltneuheit, sondern eine **Innovation**. Um jedoch auf Dauer konkurrenzfähig zu bleiben, müssen die Unternehmen Geld für die Forschung und Entwicklung ausgeben (z. B. für die Entwicklung neuer Antriebstechniken für Autos).

Deutschland ist auf dem Gebiet hochwertiger Waren (z. B. Autos, medizinische Instrumente) weltweit konkurrenzfähig. Güter mit einem hohen Lohnkostenanteil werden jedoch immer häufiger in Niedriglohnländern produziert. Auch Dienstleistungen werden ins Ausland verlagert. In Indien zum Beispiel machen zehntausende Softwarespezialisten in und um Bangalore ihren deutschen Kollegen direkte Konkurrenz. Per Satellitenleitung klicken sie sich in die Großrechner der deutschen Auftraggeber ein. Sie übernehmen Programmier- und Wartungsarbeiten. Und sie wickeln den Zahlungsverkehr von deutschen Banken oder den Verkauf von Aktien ab.

Gleichzeitig drängt die Billig-Konkurrenz aus dem Ausland nach Deutschland. So rechnet etwa das Handwerk damit, dass in den ersten zehn Jahren nach der EU-Osterweiterung im Jahr 2004 in Deutschland 35 000 Stellen verloren gehen. Ein polnischer Fliesenleger arbeitet für fünf bis zehn Euro pro Stunde, während sein deutscher Kollege 16 Euro erhält. Zwei Millionen neue Arbeitsplätze entstehen jedoch bis 2015 in der Service-Branche, davon allein 500 000 in der Gesundheitsversorgung.

M2 *Software-Spezialisten aus Indien haben das Computerprogramm für die Kräne im Hafen von Bremerhaven entwickelt, mit denen Container millimetergenau auf die Schiffe verladen werden.*

Aufgaben

1 Das deutsche Handwerk befürchtet wirtschaftliche Nachteile durch die EU-Osterweiterung. Begründe.

2 Warum entstehen bis 2015 gerade im Bereich „Gesundheit" so viele Arbeitsplätze, während in anderen Wirtschaftsbranchen Arbeitsplätze verloren gehen? Begründe.

3 Experten meinen, dass die deutsche Wirtschaft ihre Spitzenstellung nur behaupten kann, wenn sie innovative Produkte auf den Markt bringt und mehr Geld in die Forschung und Bildung investiert. Erläutere an Hand von Beispielen (M1, Quellen 1 und 2).

Quelle 1

Mikrobatterien werden wieder in Deutschland gebaut

Die deutsche Firma Varta ließ ihre Mikrobatterien jahrelang nur in Singapur produzieren. Mit diesen Batterien werden zum Beispiel Handys, Notebooks und Hörgeräte mit Strom versorgt. Im Jahr 1997 jedoch holte Varta die Fabrikation der Mikrobatterien wieder nach Deutschland zurück. Was war der Grund dafür?
Um sich gegenüber der Konkurrenz behaupten zu können, musste die Firma Varta in der Lage sein, schnell auf die unterschiedlichsten Wünsche der Kunden zu reagieren. Komplizierte Spezialmaschinen mussten entwickelt und gebaut werden, mit denen innerhalb weniger Stunden verschiedene Mikrobatterien-Typen produziert werden konnten. Und die Ingenieure in Ellwangen (Baden-Württemberg) konnten das besser als ihre Kollegen in Südostasien.
Die Firma Varta ist kein Einzelfall. Auch Betriebe aus der Elektro-, Metall- und Chemieindustrie oder Kunststoffverarbeitung haben Teile der Produktion nach Deutschland zurückgeholt. Sie haben das gemacht, nachdem sie bemerkten, dass die Qualität der von ihnen im Ausland hergestellten Produkte schlechter wurde. Ein weiterer Grund waren die längeren Lieferzeiten. Diese treiben die Kosten für die Lagerhaltung in die Höhe.

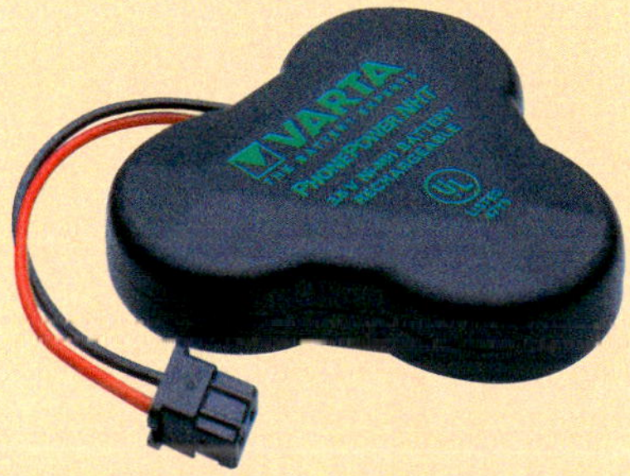

(Nach Georg Etscheit in:
Die Zeit vom 12. Mai 2005)

Quelle 2

Nachdenken über die Zukunft – ein Interview mit Eckard Foltin

(Leiter des Creative Centers bei Bayer in Leverkusen, einem der größten Konzerne der chemischen Industrie)

„Herr Foltin, Sie beschäftigen sich mit der Frage, welche Produkte die Menschen in Zukunft brauchen. Woher bekommen Sie die Anregungen dafür?"
„Wir treffen uns zum Beispiel mit vielen Fachleuten. Mit Verkehrsexperten etwa sprechen wir darüber, wie das Auto der Zukunft aussehen könnte. Sollen in Zukunft Einparkhilfen in alle Autos eingebaut werden, dann müssen die Kunststoffe der Karosserie für infrarotes Licht durchsichtig sein. Unsere Erkenntnisse geben wir an die Abteilung Entwicklung von Bayer weiter. Dort versucht man dann, die entsprechenden Kunststoffe zu entwickeln."

„Welche solcher ‚Zukunftsprodukte' sind heute schon auf dem Markt?"
„Zum Beispiel eine beleuchtete Handtasche. Das Licht wird von einer dünnen, biegsamen Leuchtfolie erzeugt, die von einer Mikrobatterie mit Strom versorgt wird. Eine interessante Entwicklung sind auch die so genannten ‚Wearables'. Das sind Kleidungsstücke mit eingebauten Computern. Mit Hilfe von Wearables-Uniformen kann man die Atmung und den Pulsschlag eines Feuerwehrmanns beim Einsatz überwachen. Das wird im Augenblick an der Universität in Bremen getestet."

„Das klingt nach Science-Fiction!"
„Nun, was heute noch als modernster Stand der Technik gilt, ist übermorgen schon veraltet und wird im Ausland preiswerter produziert als hier in Deutschland. Wenn wir aber immer wieder innovative und qualitativ hochwertige Produkte schaffen, bleiben wir auch in Zukunft auf dem Weltmarkt konkurrenzfähig."

(Interview mit dem Autor 2006)

Informationsgesellschaft und Multimedia

Auf der Welt werden rund 900 Mio. PCs genutzt, davon allein 225 Mio. in den USA und 46 Mio. in Deutschland.
An einem Tag werden weltweit bis zu 60 Mio. Mails verschickt.

(Stand 2006)

M1 *PC-Nutzer und Mail-Versand*

Computer – am Arbeitsplatz und zu Hause

Im Jahr 1975 kam der erste Personalcomputer (PC) auf den Markt. Damals ahnte noch keiner, welche Folgen dies für die Arbeitswelt und unser Leben haben würde. Die Entwicklung im Bereich der **Informationstechnik** hat zu einem tiefgreifenden Umbruch in der Gesellschaft und in der Wirtschaft geführt. So sterben zum Beispiel „alte" Berufe aus und „neue" Berufe kommen dazu (M3). Zukunftsforscher sagen voraus, dass am Ende dieses Wandels die **Informationsgesellschaft** stehen wird. Bereits heute sind viele Länder der Erde durch Glasfaserkabel und über Satelliten miteinander vernetzt. Informationen werden in Lichtgeschwindigkeit von einem Kontinent zum anderen geschickt. Die Welt ist zu einem **Global Village**, einem weltweiten Dorf, geworden, in dem jeder mit jedem jederzeit kommunizieren kann: privat oder geschäftlich.

Quelle 1

Arbeitswelt im Wandel

Die künftigen Formen der Arbeit werden durch die Globalisierung sowie die Informationstechnik geprägt: Telearbeit und Callcenter werden zu Symbolen der neuen Arbeit. Sie treten an die Stelle der alten Fließbandarbeit. Die Zukunft der Arbeit bedeutet dauernde Veränderung.

(Nach Birgit Breuel (Hrsg.): Das EXPO-Buch. Offizieller Katalog zur EXPO 2000, S. 307)

1570: 1500 Zeichen pro Stunde

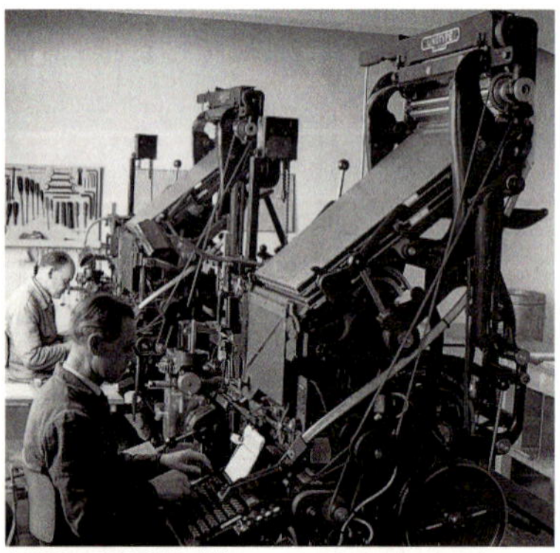

1950: 6000 Zeichen pro Stunde

2005: 13 000 Zeichen pro Stunde

M2 *Satz bzw. Texterfassung*

- Bildschirm-Designer entwerfen neue Bildschirmoberflächen, möglichst neuartig und raffiniert.
- Netzwerk-Administratoren erstellen und warten Computer-Netzwerke in großen Firmen oder Bildungseinrichtungen.
- Info-Broker kennen sich in vielen Datenbanken der Welt aus. Sie beschaffen wichtige Informationen für Firmen (z. B. über Patente).

M3 *Drei Jobs mit Zukunft*

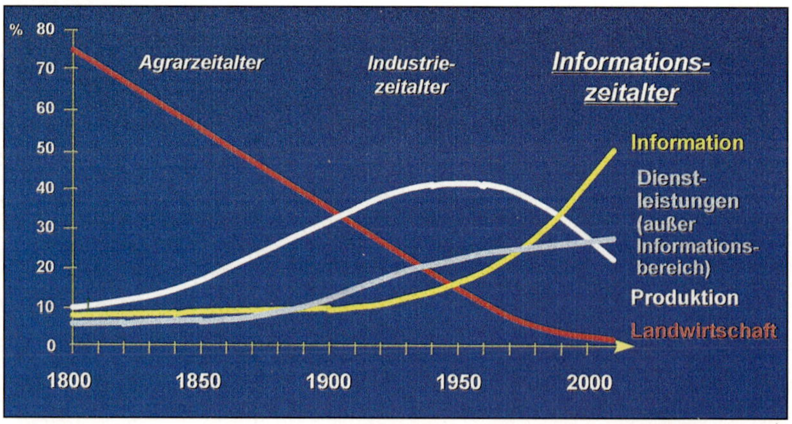

M4 *Beschäftigungsentwicklung in der EU (Computergrafik)*

M5 *Urlaubsplanung „online"*

Computerviren wie „I love you", „Melissa" und andere haben weltweit bereits Milliardenschäden angerichtet.
Benutzer-Kennungen und Passwörter können ausspioniert werden.
Ein Zugriff auf fremde Dateien und Rechner ist möglich.
Mit speziellen Programmen können Informationen, die per Internet übermittelt werden, abgehört, aufgefangen, verändert oder zerstört werden.

M6 *Gefahren bei der modernen Kommunikation*

Alles per Mausklick!

Vision vom **Multimedia**-Haushalt des Jahres 2020:
Um 15 Uhr legt Mirko Wandel eine kurze Arbeitspause ein. Er schaltet sein Telearbeitsgerät aus und geht zu einem Multi-Telegerät. Ein kurzes Fingerschnippen genügt und er hört sein Nachrichtenprogramm, das der elektronische Teleberater nur für ihn nach seinen Wünschen zusammengestellt hat. Frau Wandel bestellt inzwischen an einem Mobilgerät Lebensmittel, die noch am gleichen Tag gebracht werden. Im Kinderzimmer geht die Tochter an einem Sandstrand mit Palmen spazieren. Ein Hightech-Gerät der Firma XXLFunviewLXX hat die virtuelle Welt mit Meeresrauschen und dem Geruch nach Salz und Meer ins Haus geholt.

Die Entwicklung neuer Technologien wird unser Leben laufend verändern. Wenn im Jahr 2010 zum Beispiel die **Digitalisierung** von Rundfunk und Fernsehen abgeschlossen ist, wird man gegen Bezahlung unter Hunderten von verschiedenen Programmen wählen können. Schreitet die Telearbeit fort, könnten nachts, wenn in einer Firma die Arbeit ruht, Servicetechniker mit der Wartung und Programmierung der Maschinen beginnen – an einem weit entfernten Telearbeitsplatz, in einem Land, wo gerade erst der Tag begonnen hat.

Quelle 2

Die wichtigsten Online-Anwendungen

In Deutschland nutzten im Jahr 2006 rund 48 Millionen Menschen das Internet.
Von je 100 Nutzern haben
- 78 Mails verschickt und empfangen,
- 53 zielgerichtet nach bestimmten Angeboten gesucht,
- 50 einfach nur so gesurft,
- 37 ihre Bankgeschäfte erledigt (Homebanking),
- 23 Dateien heruntergeladen,
- 19 an Onlineauktionen/Versteigerungen teilgenommen,
- 18 „online" etwas gekauft.

(Nach: ARD/ZDF Langzeitstudie Massenkommunikation)

Aufgaben

1 Beschreibe den technischen Fortschritt am Beispiel der Buchherstellung (M2, Lexikon).

2 Welche Berufe sind in den letzten Jahren im Bereich der Informationstechnik entstanden? Erkundige dich beim Arbeitsamt (Berufsbezeichnung, Ausbildung, Tätigkeiten).

3 Welche Vorteile hat die Telearbeit für
- die Arbeitgeber;
- die Arbeitnehmer?

4 Wie hat sich der Alltag deiner Familie in den letzten Jahren durch die Informationstechnologie verändert (M5, Quelle 2)?

5 Die Begriffe Spyware und Phishing werden gebraucht, wenn es um die Gefahren der modernen Kommunikation geht. Was ist damit gemeint (Internet)?

An den Grenzen des Wachstums

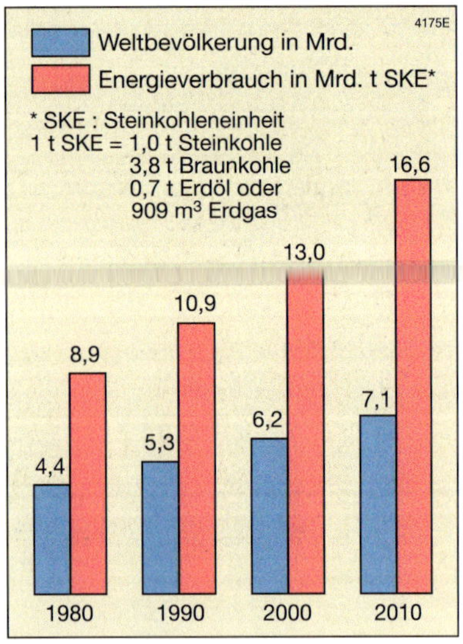

M1 *Bevölkerungsentwicklung und Energieverbrauch (2010 Prognose)*

Info 1

Nachhaltigkeit

Nachhaltig zu handeln heißt, sich heute so zu verhalten, dass man dadurch nicht die Chancen künftiger Generationen beeinträchtigt, weder wirtschaftlich noch ökologisch.

178 Staaten haben sich 1992 in der **Agenda 21** verpflichtet, durch nachhaltige Wirtschaftsweise die Zukunft zu sichern.

Wie lange reichen die Rohstoffe?

Jahrhundertelang schienen die Rohstoffe auf der Erde unerschöpflich zu sein. Die Menschen konnten sich bedienen, wann immer sie wollten. Doch inzwischen müssen wir umdenken!

Durch das schnelle Bevölkerungswachstum und die zunehmende Industrialisierung ist der Verbrauch an Rohstoffen weltweit gestiegen. Länder wie Brasilien, China oder Indien bauen eigene Industrien auf. Sie produzieren nicht nur für die eigene, schnell wachsende Bevölkerung, sondern auch für den Weltmarkt. Immer mehr Entwicklungsländer werden zu Schwellenländern. Rohstoffe, die diese Länder noch vor wenigen Jahren exportiert haben, brauchen sie nun selbst.

Noch gibt es genügend Rohstoffe und immer wieder werden neue Vorkommen entdeckt. Doch die Rohstoffreserven werden heute schneller aufgezehrt als jemals zuvor. So verbraucht die Menschheit zum Beispiel an einem Tag so viel Kohle, Öl und Gas, wie die Natur in 500 000 Tagen angesammelt hat.

Es ist unwahrscheinlich, dass der Bedarf an Rohstoffen auch in Zukunft gesichert ist. Deshalb ist es notwendig, die Ressourcen zu schonen und nach dem Prinzip der **Nachhaltigkeit** zu handeln.

Info 2

Club of Rome

Vor rund 35 Jahren entwickelte der „Club of Rome", ein Team von 100 Persönlichkeiten aus Wissenschaft, Industrie und Politik, zum ersten Mal **Szenarien** zur Zukunft der Erde. Das Team ging von Beobachtungen zum damaligen Zustand der Erde aus und sagte mögliche Entwicklungen voraus. Die so genannten „Was-wäre-wenn-Prognosen" beruhten stärker auf Annahmen als auf mathematischen Berechnungen.

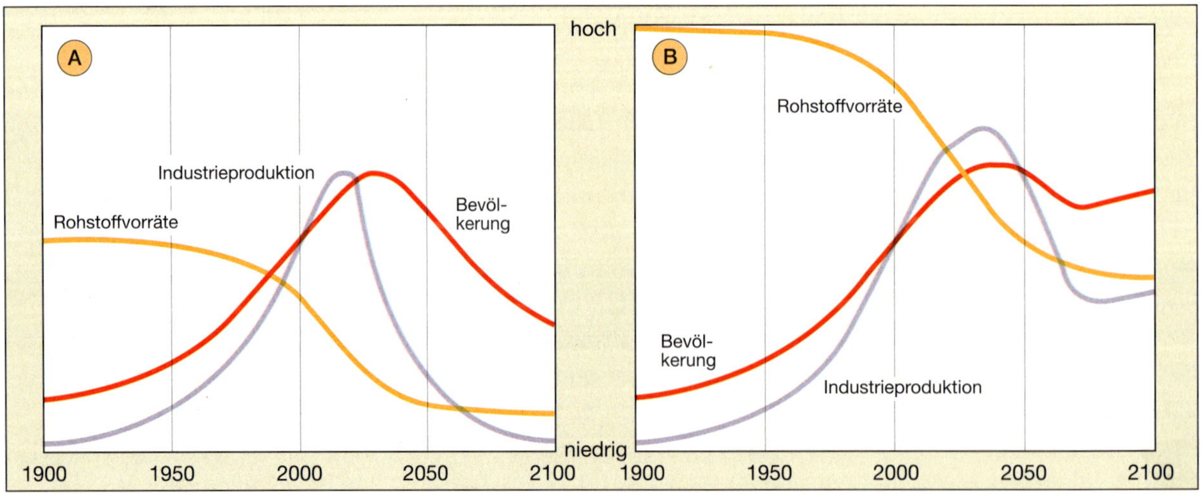

M2 *Szenarien des Club of Rome bei unverändertem (A) und nachhaltigem Verhalten (B)*

Transportwege
- von einem Zulieferbetrieb zum Jogurthersteller
- von einem Zulieferbetrieb zum anderen Zulieferbetrieb
- vom Jogurthersteller zum Supermarkt in Berlin

0 50 100 km

Bestandteile eines Fruchtjogurts und ihre Wege bis Stuttgart

Grundstoffe	
Milch	36 km
zubereitete Früchte	1246 km
Jogurtkulturen	920 km
Zucker	107 km
Jogurtverpackung	
Glas	746 km
Alu-Platine	864 km
Etikett	948 km
Transportverpackung	
Pappsteigen für die Gläser	402 km
Zwischenlagen für die Pappsteigen	647 km
Folie	406 km
Leim	1373 km

Energie- und Umweltbilanz der Jogurtherstellung

Dieselkraftstoffverbrauch eines Lkw pro 100 km je nach Geschwindigkeit: 28 bis 45 l

Mindestkraftstoffaufwand für den Transport von 250 Erdbeerjogurts zu je 150 g bis zum Endverkauf: 1 l Diesel

Umweltbilanz der Jogurtherstellung: In einer Lkw-Ladung (4 t) Erdbeerjogurt stecken 1000 Lkw-km, bis der Jogurt im Laden steht.

Lkw-Abgase, wenn 100 t Erdbeerjogurt einen Kilometer weit transportiert werden:
2280 g Stickoxid
200 g Schwefeldioxid
150 g krebserregender Dieselruß

M3 *Jogurt – der lange Weg zum Verbraucher*

M4 *Guten Appetit!?*

Aufgaben

1 Erläutere die Überschrift „An den Grenzen des Wachstums".

2 Ihr könnt mithelfen, Rohstoffe zu sparen. Nennt Beispiele.

3 a) Beschreibe den Verlauf der einzelnen Kurven in M2 (A).
b) Erläutere die Wechselwirkung zwischen der Bevölkerungskurve und der Kurve der Rohstoffvorräte.

4 a) Beschreibe den Verlauf der einzelnen Kurven in M2 (B).
b) Benenne die grundlegenden Änderungen in Szenario B gegenüber Szenario A (M2).

5 Fasse die Kernaussagen der Szenarien in wenigen Merksätzen zusammen (M2). Welche Schlussfolgerungen ziehst du daraus?

6 Wie viele Kilometer fahren Lkws um 20 000 t Jogurt bis zu den Läden zu transportieren (M3)?

7 Erstelle eine Energie- und Umweltbilanz für einen Jogurtverbrauch von 20 000 t (M3).

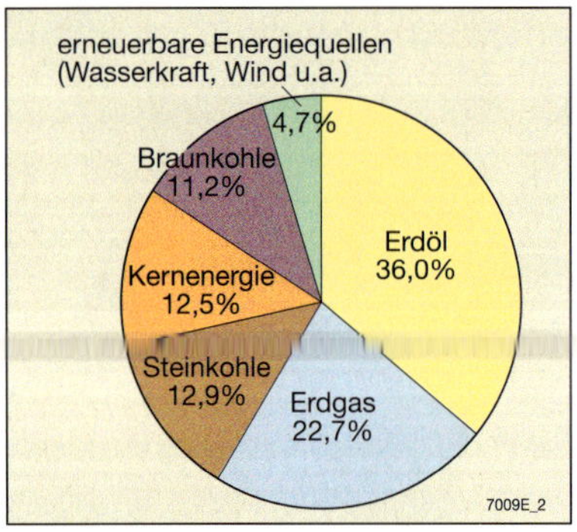

M1 *Anteil der Energiequellen am Energieverbrauch in Deutschland 2005*

33,1 Mio. t Braunkohle
7,5 Mio. t Steinkohle
4,8 Mio. m³ Erdgas
23,0 Mio. Liter Erdöl/Heizöl
35,4 Mio. Liter Kraftstoff

M2 *Einsparung von Rohstoffen durch erneuerbare Energiequellen in Deutschland 2004*

Sonne, Wind & Co. – Energiequellen der Zukunft?

Forschungsinstitute haben prognostiziert, dass der Energiebedarf weltweit bis 2050 um 30 bis 50 Prozent ansteigen wird. Auch in den kommenden Jahrzehnten werden erhebliche Mengen an Kohle, Erdöl und Erdgas zur Deckung des Energiebedarfs notwendig sein. Um diese traditionellen Energiequellen zu schonen, sollen **erneuerbare Energien** verstärkt genutzt werden. Weil die Energiepreise der weltweit wichtigsten Energieträger Erdöl und Erdgas tendenziell steigen, sind die erneuerbaren Energien zunehmend eine Alternative bei der Erzeugung von Strom und Wärme.

Die deutsche Regierung beispielsweise strebt einen Anteil von 20 Prozent der umweltfreundlichen erneuerbaren Energien an der Stromerzeugung bis zum Jahr 2020 an. Sie finanziert zahlreiche Forschungsprojekte, um dieses Ziel zu erreichen. Schwerpunktmäßig werden die Bereiche Fotovoltaik (damit ist die direkte Umwandlung der Sonnenstrahlung in Strom gemeint), Windenergie und Erdwärme gefördert. Hand in Hand mit Energieeinsparungen im privaten und öffentlichen Bereich ließe sich so eine nachhaltige Entwicklung auf dem Energiesektor verwirklichen. In Deutschland gehört der Bereich der erneuerbaren Energien, in dem 170 000 Menschen (2005) beschäftigt sind, zu den wachstumsstärksten Wirtschaftsbranchen.

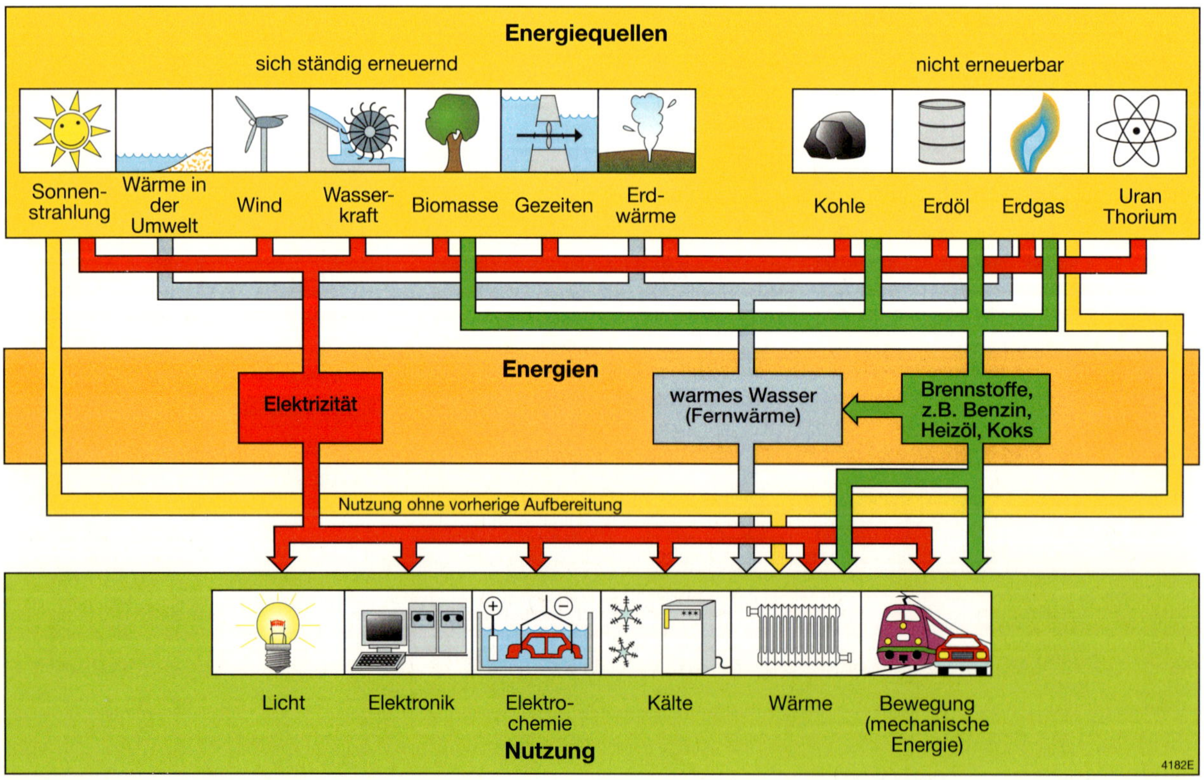

M3 *Energiequellen und ihre Nutzung*

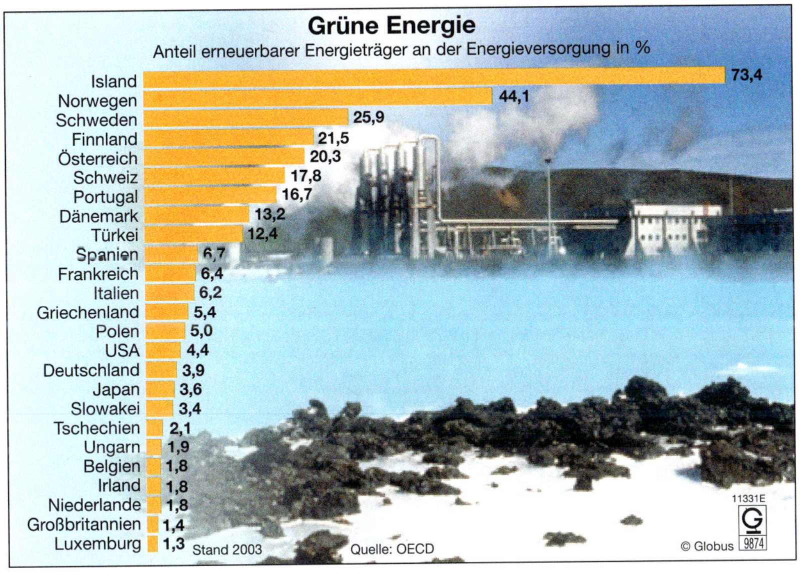

M4 *Nutzung von sich ständig erneuernden Energiequellen*

M5 *Karikatur des Engländers Roy Raymonde (2000)*

Quelle 1

Klasse ist die Biomasse

Holzpellets haben Konjunktur. Das sind aus Sägemehl gepresste, ein bis drei Zentimeter lange Holzpillen. Eine Tonne dieser Pellets kostet knapp 180 Euro, was umgerechnet einem Heizölpreis von rund 35 Cent je Liter entspricht.
Die Einsatzbereiche für Holzpellets sind vielfältig. Neben der klassischen vollautomatischen Zentralheizung sind auch mit Pellets beheizbare Zimmeröfen im Angebot. 2006 gab es in Deutschland bereits 40 000 Pelletheizungen und jährlich kommen 10 000 weitere hinzu.
Die größte Pellets-Heizanlage steht in Kempten im Allgäu: Sie versorgt dort ein ganzes Hallenbad mit Wärme. Auch in anderen Staaten wie Italien oder Schweden boomt diese Technik.

(Nach: Handelsblatt vom 2.11.2005, S. B5)

Quelle 2

Energie aus der Tiefe

Im Innern der Erde schlummern gewaltige Energiemengen. Je tiefer man bohrt, umso heißer wird es. Der Oberrheingraben ist für die Nutzung der Erdwärme (Geothermie) besonders interessant, weil hier in Tiefen von rund 2500 Metern mit etwa 150 °C höhere Temperaturen herrschen als anderswo in Deutschland. Bei Landau (Rheinland-Pfalz) zum Beispiel liefert seit 2007 ein Geothermie-Kraftwerk Strom für 5400 Haushalte; die Wärme, die bei der Stromerzeugung entsteht, reicht aus, um 1000 Haushalte zu versorgen.
Wirtschaftlich interessant ist dies für die Betreiber des Kraftwerkes allerdings nur, weil der mit Erdwärme erzeugte Strom mit bis zu 15 Cent je Kilowattstunde vom deutschen Staat subventioniert wird.

(Nach: Badische Neueste Nachrichten vom 19.12.2004 und 6.2.2006)

www.erneuerbare-energien.de
www.bsi-solar.de
www.geothermie.de
www.wind-energie.de

M6 *Internet-Adressen*

Aufgaben

1 Berichte über die Nutzung der verschiedenen Energiequellen und deren Bedeutung für Deutschland (M1, M3, Quellen 1 und 2).

2 Erstellt einen aktuellen Situationsbericht zur Nutzung erneuerbarer Energiequellen in Deutschland (Internet, Lexika, Atlas). Arbeitet in Gruppen.

3 Forsche nach, warum der Anteil der erneuerbaren Energien in den nordeuropäischen Staaten und in den Alpenländern sehr hoch ist (M4).

Klimaschutz – eine Aufgabe für alle

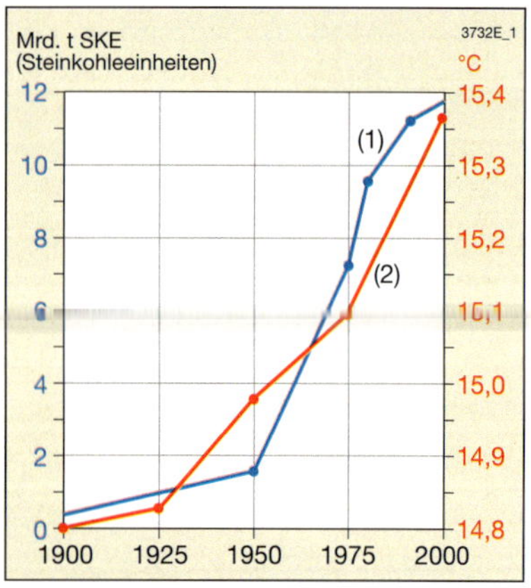

M1 *Entwicklung des Verbrauchs von Kohle, Erdöl und Erdgas (1) und der Jahresdurchschnittstemperaturen (2) auf der Erde*

- Gletscher schmelzen weiter ab. Der Meeresspiegel steigt bis zum Jahr 2050 um 30 bis 50 cm. Küstenstädte wie Hamburg, London und New York wären von Überflutungen bedroht. Ein Viertel des dicht besiedelten Staates Bangladesch (Asien) stünde unter Wasser.
- Extreme Witterungsbedingungen treten häufiger auf. Lang anhaltende sintflutartige Regenfälle wechseln sich mit monatelangen Dürreperioden ab. Wüsten wie die Sahara werden größer. In vielen Ländern kommt es zu Missernten und Hungerkatastrophen. Millionen von Menschen flüchten deshalb aus ihrer Heimat.
- Die Luft über dem Land erwärmt sich noch stärker als über dem Meer. Die Temperaturunterschiede zwischen Land und Meer werden größer. Es kommt deshalb häufiger zu Orkanen und Wirbelstürmen.

M3 *Mögliche Folgen einer weiteren Erwärmung der Erde*

Das Klima verändert sich!

Wissenschaftlerinnen und Wissenschaftler haben festgestellt, dass die Durchschnittstemperatur auf der Erde ansteigt. Sie führen den Temperaturanstieg zu einem erheblichen Teil auf die zunehmende Luftverschmutzung durch den Menschen zurück. Seit Beginn der Industrialisierung im 19. Jahrhundert ist der Verbrauch an Kohle, Erdöl und Erdgas stark angestiegen. Werden diese Rohstoffe verbrannt, um zum Beispiel Energie zu gewinnen, entstehen **Treibhausgase** wie Kohlenstoffdioxid (CO_2), die durch Emission (Ausstoß) in die Luft gelangen. Sie beschleunigen den Klimawandel, der die Lebensbedingungen auf der Erde verändert.

Aufgabe

1 „Die Erde heizt sich immer mehr auf." Mit diesem Satz beginnt ein Leserbrief in einer Zeitung. Schreibe den Brief zu Ende (M1, M3).

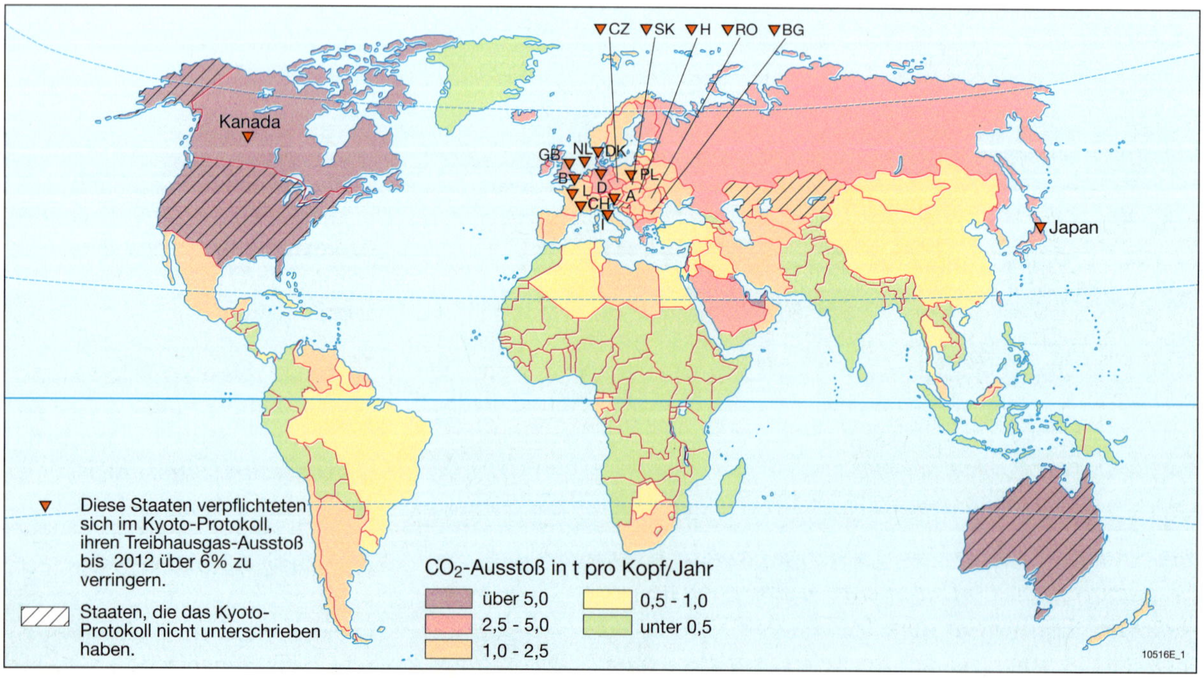

M2 *Ausstoß von Kohlenstoffdioxid in Tonnen pro Person und Jahr*

Internationaler Klimaschutz

Zahlreiche Politiker sind davon überzeugt, dass ein wirksamer Klimaschutz nur durch internationale Vereinbarungen garantiert werden kann. Ein erster Schritt dazu war das **Kyoto-Protokoll**, das im Jahr 1997 beschlossen wurde und 2005 in Kraft trat.

In diesem internationalen Abkommen wollen die Industrieländer den Ausstoß von Treibhausgasen bis zum Jahr 2012 insgesamt um 5,2 Prozent gegenüber dem Stand von 1990 verringern. Für die Entwicklungsländer und die Schwellenländer wie China und Indien gibt es keine derartige Zielvorgabe. Auch Staaten, die das Abkommen ablehnen (M2), gehen keinerlei Verpflichtungen zum Klimaschutz ein.

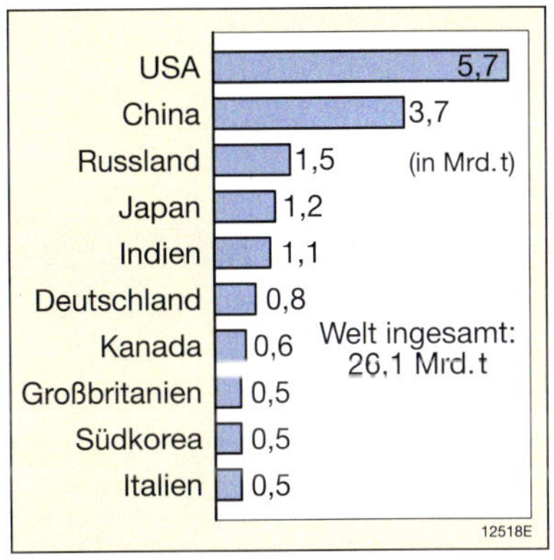

M5 *Länder mit den weltweit höchsten CO_2-Emissionen*

Deutschlands Beitrag zum Kyoto-Protokoll

Deutschland hat sich verpflichtet, seine Treibhausgas-Emissionen bis zum Jahr 2012 um 21 Prozent zu verringern (Bezugsjahr 1990). Die Regierung will dieses Ziel zum Beispiel durch den **Emissionshandel** für Kohlenstoffdioxid (M4) erreichen; der Emissionsanteil von CO_2 an allen Treibhausgasen macht 85 Prozent aus. Darüber hinaus hat Deutschland mit Mexiko im Jahr 2005 ein erstes Abkommen geschlossen, wonach Deutschland in Mexiko Projekte zur Verminderung des CO_2-Ausstoßes in Höhe von 2,5 Mrd. Euro finanziert. Dabei sollen neueste deutsche Umwelttechnologien (z. B. Solar- und Windkraftanlagen) eingesetzt werden.

	1990	2003
CO_2-Emissionen insg.	1014	846
davon:		
Energiewirtschaft und Industrie	637	516
Verkehr	158	167
Haushalte	129	122
Gewerbe, Handel, Dienstleistungen	91	60

M6 *CO_2-Ausstoß in Deutschland nach Bereichen (Angaben in Millionen Tonnen)*

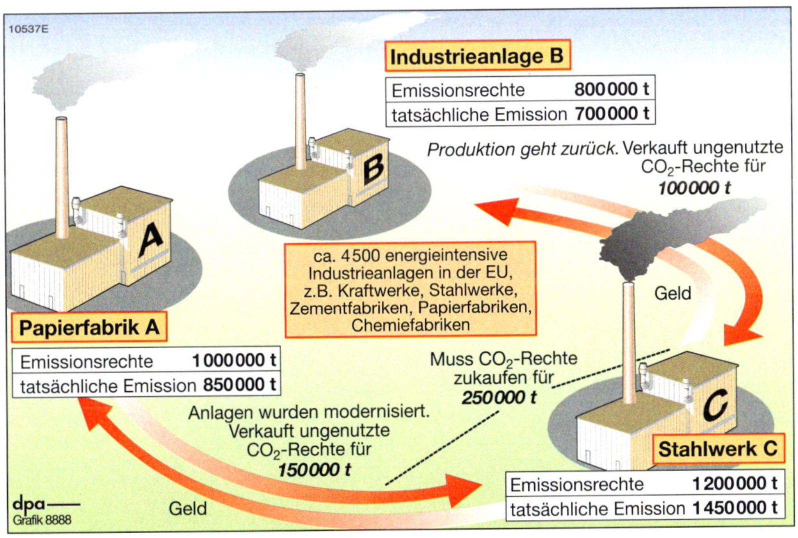

M4 *Emissionshandel für Kohlenstoffdioxid: In Deutschland besitzen rund 1200 Unternehmen Emissionsrechte in Höhe von 495 Mio. Tonnen pro Jahr. Im Jahr 2005 haben diese Betriebe 474 Mio. Tonnen CO_2 ausgestoßen. Emissionsrechte im Umfang von 21 Mio. Tonnen konnten verkauft bzw. gekauft werden.*

Aufgaben

2 a) Werte die Tabelle M6 aus.
b) Nenne Beispiele, wie der CO_2-Ausstoß weiter verringert werden könnte.

3 Erkläre, wie der Emissionshandel funktioniert (M4).

4 Kann deiner Meinung nach das Klima durch das Kyoto-Protokoll wirkungsvoll geschützt werden? Erläutere (M2, M5).

5 Bereite zu dem Thema „Klimaschutz in Deutschland" ein kurzes Referat vor (www.bmu.de).

Klimaschutz

M1 *Aussagen von Schülerinnen und Schülern*

Umweltbewusst handeln, das Klima schützen

Keiner von uns kann das Klima-Problem allein lösen, aber jeder von uns kann dazu seinen Beitrag leisten. Wir wissen, dass das Treibhausgas Kohlenstoffdioxid (CO_2) durch die Verbrennung von Energie-Rohstoffen in die Atmosphäre gelangt: wenn wir mit dem Auto zum Einkaufen fahren, mit dem Flugzeug in Urlaub fliegen oder zu Hause die Ölheizung aufdrehen. Verbrauchen wir weniger Energie, sorgen wir dafür, dass sich die Atmosphäre nicht so schnell erwärmt.

Aufgaben

1 Erkläre, warum die Schülerinnen und Schüler durch ihr Verhalten zum Klimaschutz beitragen (M1).

2 Schreibe auf, was du und deine Familie für den Klimaschutz tun könnt. Begründe an Hand von Beispielen.

3 Berechne, wie viel weniger CO_2 durch Wärmedämmung beim Hausbau in die Luft gelangt (M3, M5).

4 „Energiesparmaßnahmen tragen zum nachhaltigen Schutz des Klimas bei." (Klaus Hupke, Geographieprofessor) Erläutere diesen Satz.

5 Macht einen Energie-Check an eurer Schule. Wo könnte eurer Meinung nach Energie gespart werden (M4)?

M2 *Deutschland: Stromverbrauch in Haushalten*

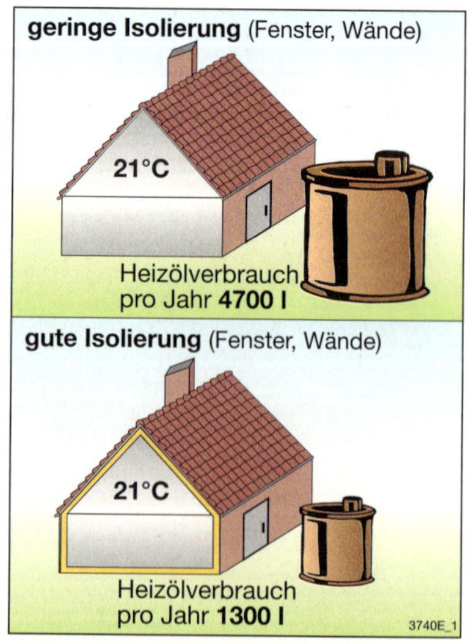

M3 *Wärmedämmung – ein Beitrag zum Klimaschutz*

Energiesparen in der Schule

Gemeinsam könnt ihr untersuchen, ob und wie eure Schule durch Senkung des Energieverbrauchs zum Klimaschutz beitragen kann.
Dazu solltet ihr eure Arbeit gemeinsam in der Klasse planen. Gliedert das Thema in Unterthemen, zum Beispiel „Heizung" oder „Beleuchtung".
Legt fest, wer die einzelnen Themen bearbeitet.
Erstellt einen Erkundungs- und Fragebogen zum Thema „Energiesparen".
Befragt Mitschülerinnen und Mitschüler, Lehrerinnen und Lehrer, die Hausmeisterin oder den Hausmeister.
Fertigt zum Schluss Plakate mit euren Arbeitsergebnissen zum Thema „Energiesparen in der Schule" an.

Die folgenden Fragen geben euch Hinweise darauf, wie ihr an das Thema herangehen könnt.

- Ist das Schulhaus gut isoliert?
- Wie wird das Schulhaus an normalen Wochenenden, Feiertagen und in der Ferienzeit beheizt?
- Wird die Heizung in der Schule über eine Zeitschaltuhr gesteuert?
- Gibt es einen oder mehrere Außentemperaturfühler?
- Hat jeder Heizkörper einen eigenen Temperaturregler?
- Gibt es an den Eingangstüren zu eurer Schule einen Windfang?
- Haben die Türen einen automatischen Türschließer?
- Sind die Fenster einfach oder mehrfach verglast?
- Werden die Räume in der Schule mit Sparlampen beleuchtet?
- Welche Glühlampen werden in den Klassenräumen, im Lehrerzimmer, im Sekretariat oder in der Schulbibliothek verwendet?
- Brennen die Lampen in den Klassenräumen während der Pausen?
- Brennt Licht in den Toiletten, wenn sie keiner benutzt?
- Gibt es an den Computern und Kopierern Stromspartasten?

Tina, Kai, Markus und Oliver befragen den Hausmeister ihre Schule im Heizungskeller zum Thema Energiesparen. Sie erkundigen sich, ob das Gebäude mit Öl oder Gas beheizt wird. Sie wollen wissen, wie hoch der Verbrauch und die Heizkosten im letzten Jahr an ihrer Schule waren. Der Hausmeister erläutert ihnen, wie man an der Schule bereits Energie einspart.

M4 *Anregungen für ein Energiespar-Projekt*

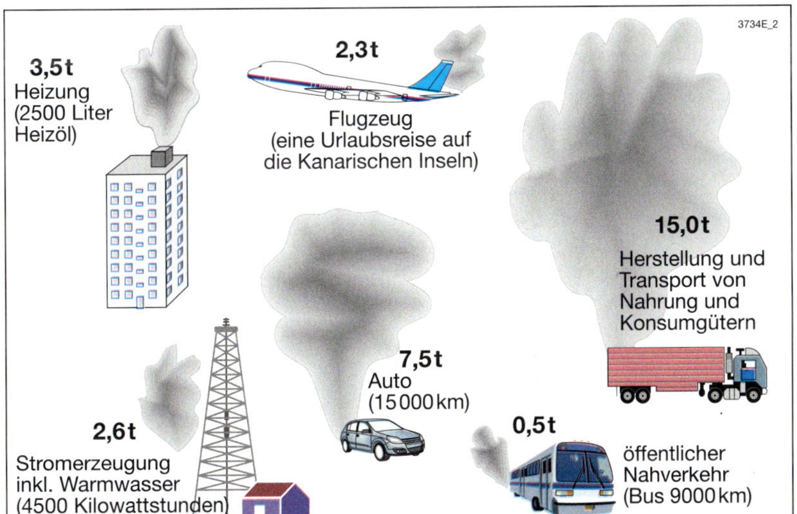

M5 *Durchschnittliche CO_2-Emissionen einer dreiköpfigen Familie (2 Erwachsene, 1 Kind) in Deutschland pro Jahr*

Quelle

Klimaschutz durch Solarenergie

Das Land Baden-Württemberg hat zur Solaranlage, die im Schul- und Sportzentrum Ubstadt (Kreis Karlsruhe) gebaut wurde, einen Zuschuss von 22 000 Euro gegeben. Die 86 000 Euro teure und 65 m² große Anlage wird zur Erwärmung von Brauchwasser und zur Beheizung des Schwimmbeckens genutzt. Sie deckt 5 % des Energiebedarfs. Es werden zwölf Tonnen Kohlenstoffdioxid pro Jahr vermieden.

(Nach: Badische Neueste Nachrichten vom 4.7.2003)

Rollenspiel zum Klimawandel

Richter

Ihr leitet die Gerichtsverhandlung. Ihr achtet darauf, dass der vorgeschriebene Spielablauf eingehalten wird. Ihr könnt bei allen Beteiligten nachfragen und euch einzelne Aussagen näher erklären lassen. Ihr bereitet euch auf die Verhandlung vor, indem ihr die Materialien M1 und M2 durcharbeitet.
Ihr versucht festzustellen, welche Schuld die Menschen aus den Industrieländern am zusätzlichen Treibhauseffekt haben. Am Ende der Gerichtsverhandlung müsst ihr einen Urteilsspruch fällen. Berücksichtigt dabei sowohl die Schuld der Angeklagten als auch deren Möglichkeiten.
Das Urteil sollte Auflagen zur Verhaltensänderung beinhalten. Begründet euer Urteil.

Rollenkarte 1

Angeklagte

Ihr werdet angeklagt, Schuld am zusätzlichen Treibhauseffekt zu haben und die Lufttemperaturen auf der Erde zu verändern. Überlegt, was man euch vorwerfen könnte. Legt euch Argumente zurecht, die die einzelnen Vorwürfe entkräften. Weist auf eure Probleme hin.

Rollenkarte 2

Gestaltung des Rollenspiels

Spielidee:
Gerichtsverhandlung gegen Menschen aus den Industrieländern
Anklagevorwurf:
Mitwirkung bei der Veränderung der Temperaturen auf der Erde
Teilnehmergruppen:
Richter (Rollenkarte 1), Ankläger (Rollenkarte 3), angeklagte Menschen aus den Industrieländern (Rollenkarte 2)
Spielvorbereitung:
1. Baut den Klassenraum zum Gerichtssaal um.
2. Bildet drei Gruppen. Jede Gruppe erhält eine Rollenkarte.
3. Gruppenarbeit
- Versucht mit Hilfe eurer Rollenkarte die Interessen und Ziele eurer Gruppe festzulegen.
- Überlegt, mit welchen Handlungen und Argumenten ihr in die Gerichtsverhandlung geht.
- Verwendet die Materialien von M1.

Spielablauf:
Die Richtergruppe leitet die Verhandlung. Sie achtet auf folgenden Ablauf:
- Die Ankläger erläutern den zusätzlichen Treibhauseffekt.
- Die Ankläger werfen den Menschen aus den Industrieländern vor, „Treibhaustäter“ zu sein. Sie begründen ihre Vorwürfe.
- Die Angeklagten aus den Industrieländern nehmen zu den Vorwürfen Stellung und erklären ihr Handeln.
- Die Richtergruppe spricht ein Urteil, in dem den Angeklagten verschiedene Maßnahmen vorgeschrieben werden.

Spielkritik:
Bewertet den Ablauf des Rollenspiels und das Ergebnis.

Ankläger

Ihr habt die Aufgabe den zusätzlichen Treibhauseffekt zu erläutern.
Ihr sollt die Schuld der von euch Angeklagten daran deutlich benennen.
Führt dazu Beispiele an. Stellt Forderungen auf, wie die Angeklagten die Atmosphäre von Treibhausgasen entlasten können.

Rollenkarte 3

Aufgaben

1 Führt das Rollenspiel nach den Vorgaben durch.

2 Führt ein Rollenspiel durch, in dem die Menschen aus den Entwicklungsländern angeklagt sind. Verwendet M2.

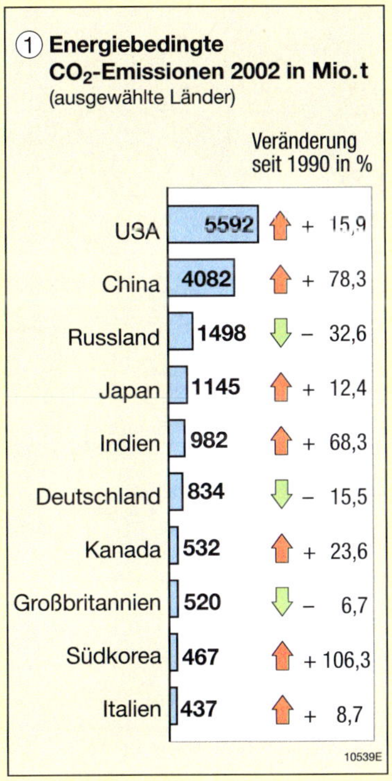

② Ein Deutscher verbraucht 7-mal so viel Energie wie ein Ägypter. Selbst wenn die Menschen aus den Industrieländern nachts schlafen, verbraucht jeder von ihnen durchschnittlich mehr Energie als ein Mensch in den Entwicklungsländern tagsüber.

③ Jedes europäische Kleinkind ist ein größerer Energieverbraucher als mehrere asiatische Familien zusammen.

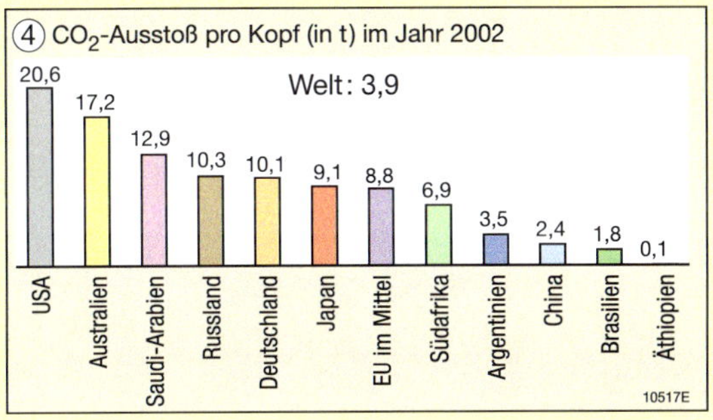

⑤ Ein Deutscher verbraucht täglich durchschnittlich 15 Liter Erdöl, ein Bewohner der Entwicklungsländer 0,75 Liter.

⑥ Die Industrie-Nationen des Nordens erzeugen 75 Prozent des weltweiten Kohlenstoffdioxid-Ausstoßes.

⑦ In den Industrieländern fahren 92 Prozent aller Autos, deren Verbrennungsmotoren CO_2 produzieren.

M1 *Treibhaustäter: Menschen in den Industrieländern*

① Viele Entwicklungsländer streben eine Entwicklung nach dem Vorbild der Industriestaaten an. Das hat einen höheren Energieverbrauch als bisher und mehr Treibhausgase in der Atmosphäre zur Folge.

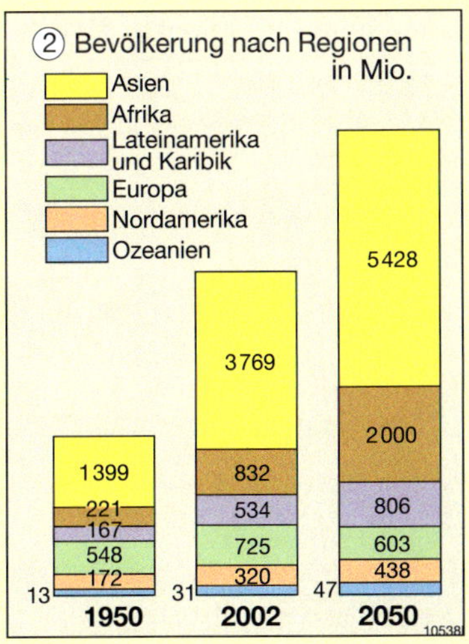

③ Ehemalige Regenwaldgebiete, zum Beispiel in Mittel- und Südamerika, werden zu Weideland, auf dem man riesige Rinderherden hält. Diese dienen dazu, den großen Fleischbedarf in den Industrieländern zu befriedigen. Ein Rind produziert beim Verdauen täglich im Magen etwa 100 Liter des Treibhausgases Methan.

④ In Wäldern gebundener Kohlenstoff	(in kg pro m²)
tropische Regenwälder	20
Nadel- und Laubwälder	14
Feuchtsavannen	2–16
nördliche Nadelwälder	9
immergrüne Hartlaubgehölze (Subtropen)	2–3

⑤ Das Hauptnahrungsmittel in den Entwicklungsländern Asiens ist Reis. Die Ausweitung der Reisplantagen verwandelt immer größere Landflächen in Sumpfgebiete, aus denen große Mengen des Treibhausgases Methan entweichen.

⑥ Die Bewohner der Entwicklungsländer vernichten tropischen Regenwald, weil sie für die wachsende Bevölkerung zusätzliche Flächen für die Landwirtschaft benötigen. Sie exportieren Plantagenfrüchte und Sojabohnen als Viehfutter in die reichen Industrieländer, um für die Einnahmen andere Produkte kaufen zu können.

M2 *Treibhaustäter: Menschen in den Entwicklungsländern*

Globalisierung und nachhaltiges

1. Globalisierung

Erläutere die Bilder a–d unter der Fragestellung „Globalisierung – Chance oder Risiko?“

a

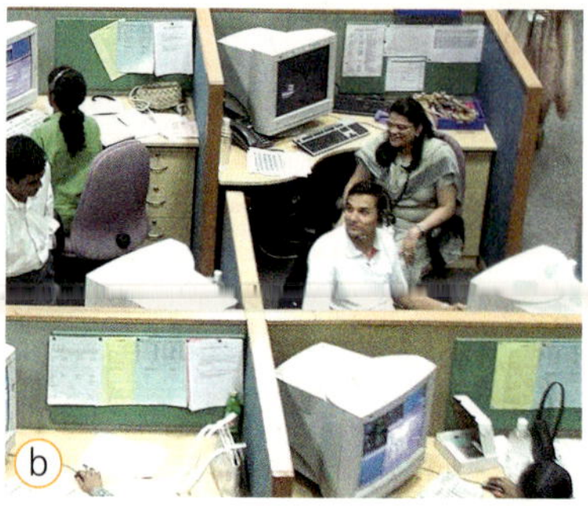
b

c

d

2. Erneuerbare Energien

a) Erneuerbare Energien sind eine Alternative bei der Erzeugung von Strom. Nimm Stellung zu dieser Aussage.
b) Wie sieht der Karikaturist dieses Thema?

3. Umweltbewusst handeln, das Klima schützen

Klimaschutz geht uns alle an. Notiere, wie jeder Einzelne zum Klimaschutz beitragen kann.

4 …
5 …
3 …
6 …

2 …
7 …
1 …
8 …

Verflechtung der Handelsbeziehungen

Mit Rohstoffen und Industrieprodukten wird weltweit gehandelt. Der Welthandel ist stark angestiegen. Zwischen den Staaten der Erde bestehen enge wirtschaftliche Verflechtungen. Diese sind ein Zeichen für die Globalisierung.

Chancen und Risiken eines freien Weltmarktes

Die Verlagerung der Massenfertigung von Textilien in Niedriglohnländer hat in Deutschland Arbeitsplätze gekostet. Durch die Liberalisierung des Welthandels ist der Konkurrenzdruck für die gesamte deutsche Wirtschaft größer geworden. Diese kann sich auf Dauer gegenüber der Konkurrenz nur behaupten, wenn sie immer wieder innovative Produkte auf den Markt bringt.

Informationsgesellschaft und Multimedia

Die Informationstechnik hat einen tiefgreifenden wirtschaftlichen und gesellschaftlichen Wandel in Gang gesetzt, an dessen Ende die Informationsgesellschaft stehen wird. Neue Berufe und neue Formen der Arbeit (z. B. Telearbeit) bilden sich heraus. Elektronische Medien werden immer häufiger genutzt. Zusätzliche Kommunikationsmöglichkeiten ergeben sich durch die Digitalisierung.

An den Grenzen des Wachstums

Der Verbrauch an Rohstoffen steigt an, weil die Weltbevölkerung wächst und die Industrialisierung zunimmt. Die Rohstoffe müssen geschont werden, weil sie nicht unerschöpflich sind. Deshalb muss nach dem Prinzip der Nachhaltigkeit gehandelt werden.

Erneuerbare Energien

Es werden große Mengen an Energierohstoffen wie Kohle, Öl oder Gas verbraucht. Um den Energiebedarf auch in Zukunft decken zu können, muss nach zusätzlichen Alternativen gesucht werden. Der Anteil der erneuerbaren Energien soll ausgebaut werden, damit die Energieversorgung für die künftigen Generationen sichergestellt ist.

Klimaschutz – eine Aufgabe für alle

Die Atmosphäre der Erde heizt sich immer weiter auf, weil Treibhausgase beim Verbrauch von Energie ausgestoßen werden. Das Klima wird durch internationale Abkommen wie das Kyoto-Protokoll geschützt. In Deutschland soll die CO_2-Emission im Bereich der Industrie über den Emissionshandel reduziert werden.

Grundbegriffe
- Welthandel
- Auslandsinvestition
- Globalisierung
- Liberalisierung des Weltmarkts
- Niedriglohnland
- Welthandelsorganisation
- Innovation
- Informationstechnik
- Informationsgesellschaft
- Global Village
- Multimedia
- Digitalisierung
- Agenda 21
- Nachhaltigkeit
- Szenario
- erneuerbare Energie
- Treibhausgas
- Kyoto-Protokoll
- Emissionshandel

Fallstudie: Nachhaltige Nutzung im tropischen Regenwald

Madagaskar – eine Insel östlich von Afrika

Nachhaltiges Wirtschaften auf Madagaskar

Maßnahmen gegen den Brandrodungsfeldbau

Viehhaltung und Agroforstwirtschaft

◀ **M1** *Tropischer Regenwald, teilweise noch unberührt*

Madagaskar – eine Insel östlich von Afrika

Madagaskar ist die viertgrößte Insel der Erde. Hier findet man eine einzigartige Pflanzen- und Tierwelt. Rund 50 Prozent aller Vogelarten und 95 Prozent aller Reptilienarten gibt es zum Beispiel nur hier.
Bei den Säugetieren sind die Lemuren (Halbaffen) typisch für die Insel.
Allerdings fehlen in der Tierwelt Madagaskars zum Beispiel Elefanten, Antilopen und Affen, die es auf dem nur 400 km entfernten afrikanischen Festland gibt.

M1 *Madagaskars Tier- und Pflanzenwelt*

Schatztruhe tropischer Regenwald

Die tropischen Regenwälder liefern Nahrungsmittel (u. a. Bananen, Nüsse, Kaffee, Kakao und Zuckerrohr), Rohstoffe (u. a. Gummi, Öle, Fasern und Harze) sowie Grundstoffe für Kosmetika und Arzneimittel.

Eine große Bedeutung haben die Regenwälder auch für das Weltklima. Wasser verdunstet über dem Blätterdach, der Wasserdampf steigt auf und mit ihm große Mengen an Wärmeenergie. Sie wird durch die Sonneneinstrahlung an der Erdoberfläche erzeugt. Die globale Zirkulation der Luft wird durch diese Wärmeenergie beeinflusst.

Pflanzen speichern den in der Luft vorhandenen Kohlenstoff. Allein der tropische Regenwald nimmt jährlich ein Viertel der Kohlenstoffmenge auf, die Industrie, Hausbrand und Verkehr in die Luft blasen. Wird der Regenwald vernichtet, wird auch dieser Kohlenstoffspeicher zerstört. Die Folge ist eine Erwärmung der Erde. Man spricht von einem „künstlichen Treibhauseffekt".

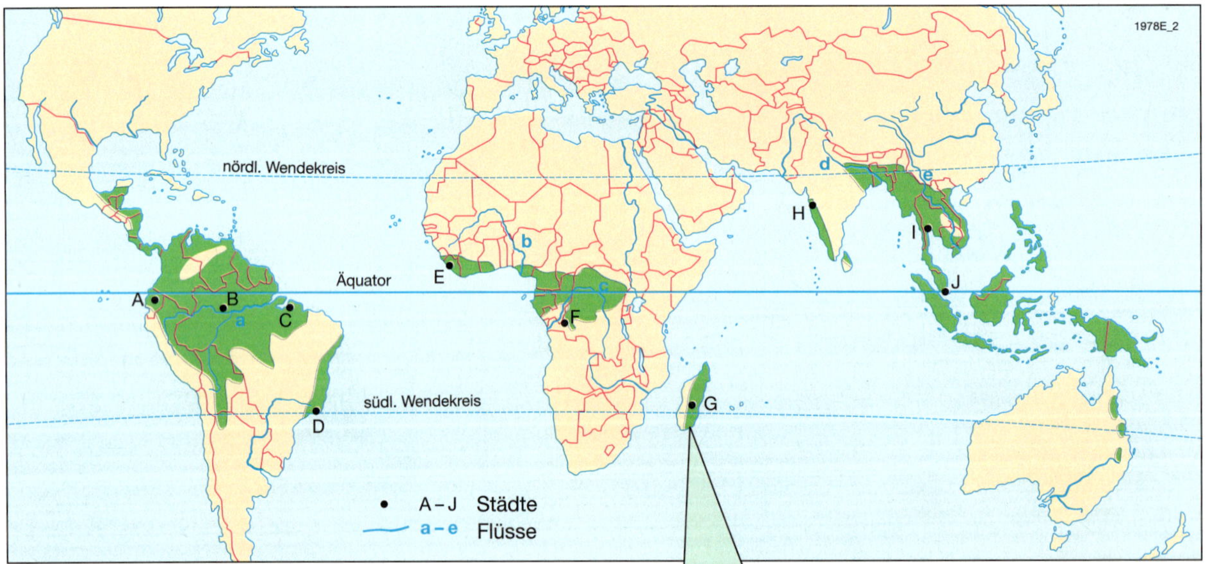

M2 *Tropische Regenwälder*

M3 *Lemur auf Madagaskar*

Madagaskar
Die Abholzung des tropischen Regenwalds ist auf Madagaskar weit fortgeschritten. 90 Prozent des Regenwalds sind bereits verschwunden.
Die Auswirkungen auf die Pflanzen- und Tierwelt sind groß. Viele Arten sind ausgestorben oder vom Aussterben bedroht.
Von den entwaldeten Berghängen wird der Boden vom Regen abgespült und von den Flüssen ins Meer getragen.
Auch für die Landwirtschaft sind die Schäden erheblich. Reisfelder werden vom Schlamm bedeckt und die Ernte beeinträchtigt. Früher wurde Reis exportiert, heute muss Madagaskar Reis importieren.

M4 *Zerstörter Wald auf Madagaskar*

M6 *Affenbrotbäume in der Dornstrauchsavanne*

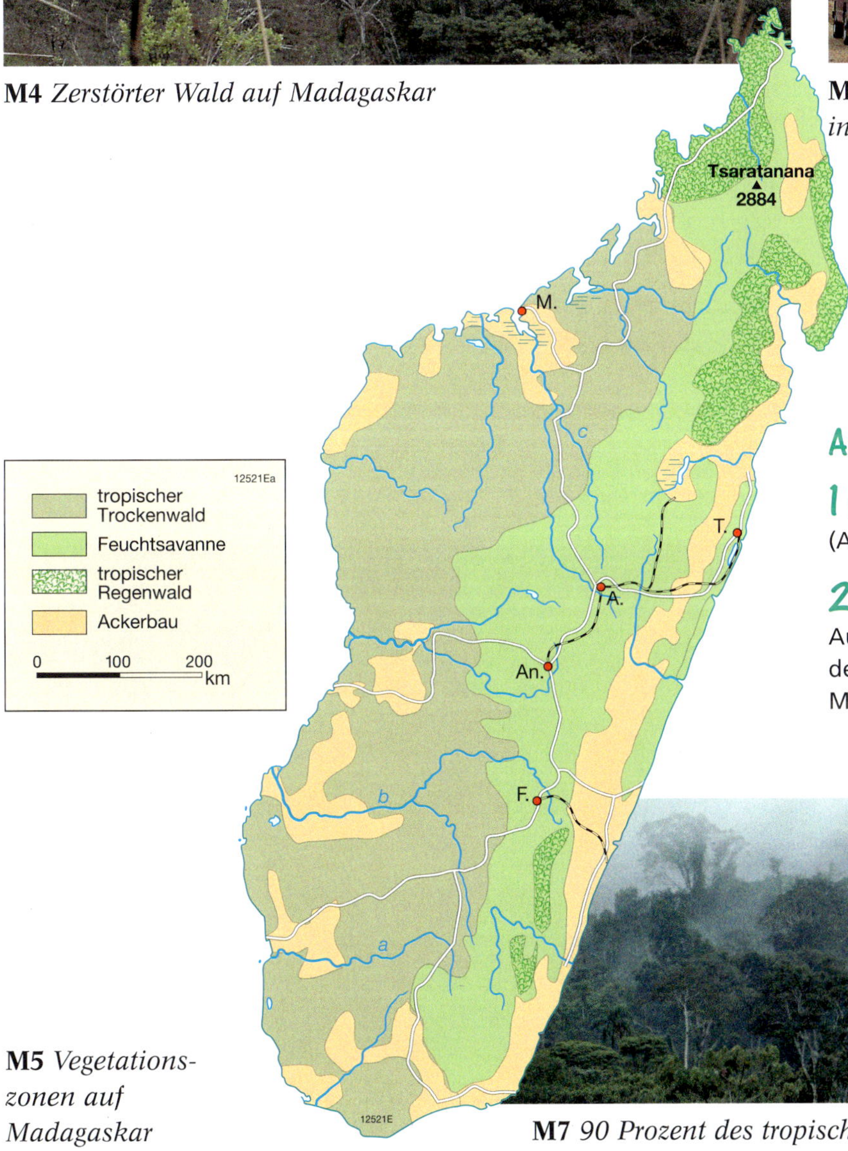

M5 *Vegetationszonen auf Madagaskar*

Aufgaben

1 Finde die Namen in M2 und M5 (Atlas).

2 Stelle in einer Tabelle die Auswirkungen der Abholzung des tropischen Regenwalds auf Madagaskar zusammen.

M7 *90 Prozent des tropischen Regenwaldes sind zerstört.*

Nachhaltiges Wirtschaften auf Madagaskar

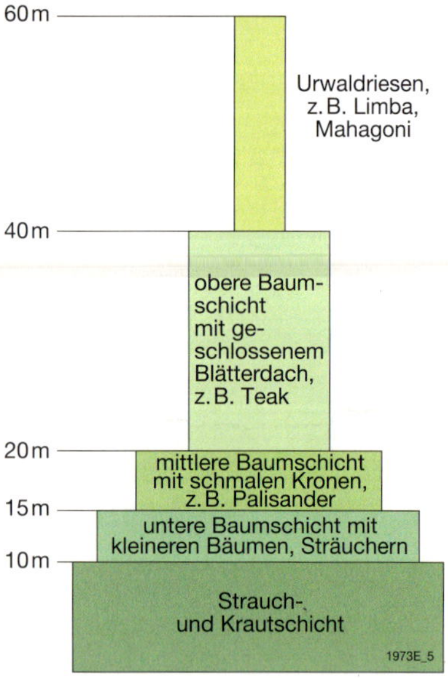

M1 *Stockwerkbau im tropischen Regenwald (Schema)*

Zerstörung der Regenwälder durch Forstwirtschaft

Tropische Edelhölzer, wie Teak, Palisander, Mahagoni und Limba, werden bei uns gern verwendet, weil sie recht unempfindlich gegen Wasser, Schimmelpilze und Holzwürmer sowie schwer entflammbar sind. So werden unter anderem daraus Haustüren, Fensterrahmen, Boote und Holzbrücken gefertigt. Auch in der Möbelindustrie sind sie unter anderem wegen ihrer Farben begehrt.

Auf jedem Hektar tropischen Regenwaldes wachsen jedoch höchstens drei oder vier Bäume von einer Holzart. Um sie zu fällen und abzutransportieren, schlagen die Holzfäller Schneisen in den Wald. Für einen Edelholzbaum werden also viele andere Bäume abgeholzt. Sie bleiben liegen oder werden als Brennholz gebraucht. Hinzu kommt, dass ein Baumriese beim Umfallen 20 bis 30 Bäume mit sich reißt.

Die Wälder auf Madagaskar gehören dem Staat. Holzhändler erhielten bis 2005 gegen Bezahlung das Recht, Bäume zu schlagen. Dieses Recht wurde inzwischen stark eingeschränkt. Der auf den abgeholzten Gebieten nachgewachsene **Sekundärwald** wird von vielen Bewohnern illegal für die Brennholzgewinnung gefällt. Aus der Asche des Laubs wird mit Rindertalg Seife hergestellt.

Info

Madagaskar ist einer der ärmsten Staaten der Welt. Viele Menschen leiden an Unterernährung. Sie sind auf das Brennholz angewiesen. Das offene Feuer dient zum Kochen und spendet Licht und Wärme. Der Qualm schützt die Gras- und Schilfdächer vor Insekten. Durch die steigende Bevölkerungszahl nimmt der Bedarf an Brennholz zu.

Aufgabe

1 Entwirf ein Informationsblatt, das den Bewohnern von Madagaskar erklärt, dass der Wald geschützt werden muss.

M2 *Fällen eines Baumes – in 300 Jahren gewachsen*

M3 *Verladen von Baumstämmen im tropischen Regenwald zum späteren Abtransport*

Nachhaltige Forstwirtschaft: Zwei Projekte

Das Hochland-Projekt

Die deutsche Gesellschaft für Technische Zusammenarbeit (GTZ) führt ein Projekt durch, das eine nachhaltige Bewirtschaftung der Wälder erreichen soll. Dazu werden zunächst große Gebiete wieder aufgeforstet. In Informationsveranstaltungen lernt die Bevölkerung, dass Beeren, Harze und Medizinalpflanzen wichtige Produkte des Waldes sind. Mit ihnen kann man ein zusätzliches Einkommen erzielen.

Gleichzeitig versuchen die Mitarbeiter der GTZ, den Menschen zu erklären, dass der Schutz des Waldes auch für sie wichtig ist. Solange die Einwohner den Wald nicht nutzen dürfen, weil er Eigentum des Staates ist, fühlen sie sich auch nicht für ihn verantwortlich. Deshalb wurde in Zusammenarbeit mit dem Staat eine Waldwirtschaftsgemeinschaft gegründet. Etwa 14 000 Bewohner aus über 200 Dörfern gehören zu dieser Gemeinschaft. Sie legen Neupflanzungen und Wege an und pflegen die Bäume. Als Gegenleistung dürfen sie Astholz, Heilpflanzen oder den Honig wilder Bienen nutzen. Holzreste können sie dazu verwenden, Holzkohle für die Kochstellen zu produzieren.

Es wird noch eine Weile dauern, bis die Menschen sich daran gewöhnt haben, dass sie die Produkte des Waldes gemeinsam verkaufen und Maschinen zusammen benutzen. Doch ist dies ein Projekt, das anderen Dorfgemeinschaften als Vorbild dienen kann.

Das Umweltschutz-Projekt

Die einzigartige Tier- und Pflanzenwelt Madagaskars soll geschützt werden. Deshalb wurden mehrere Nationalparks eingerichtet. Damit das Projekt gelingt, muss die Bevölkerung verstehen, dass Umweltschutz wichtig ist. So gehört zum Projekt dazu, dass Schulungen für die Menschen angeboten werden. Für den Unterricht in der Grundschule wurde ein Umweltbuch herausgegeben. Die Studenten können das Umweltmagazin „Vintsy“ lesen. Außerdem gibt es ein Umweltradio und Umwelt-Theater. So hofft der Staat, dass die Menschen begreifen, dass auch ihr Überleben vom Schutz der Wälder abhängt.

M4 *Kleine Tropenholzkunde:*
Limba
Beschreibung: Höhe 45 m, ø bis 150 cm, gelblich bis grünlichbraun, glänzend, mäßig hart;
Verwendung: Furniere, Innenausbau, Möbelteile, Sperrholz.

M5 *Kleine Tropenholzkunde:*
Teak
Beschreibung: Höhe 40 m, ø bis 150 cm, gelb- bis goldbraun mit schwarzen Adern, ölig, sehr dauerhaft, fest und hart, wasserabweisend;
Verwendung: Furniere, Parkett, Schiffbau, Möbel.

Maßnahmen gegen den Brandrodungsfeldbau

M1 *Brandrodungsfeld*

Brandrodungsfeldbau zerstört den Wald

Die Landwirtschaft ist der bedeutendste Wirtschaftszweig Madagaskars. Über ein Drittel des Bruttoinlandsprodukts wird durch sie erwirtschaftet. Für den Eigenbedarf werden Bananen, Reis, Kartoffeln, Maniok, Mais und Reis angebaut. Exportiert werden Kaffee, Kakao, Gewürznelken, Zuckerrohr, Vanille und Tabak. Sie machen über 70 Prozent der Einnahmen aus dem Export aus.

Die Landwirtschaft hat zu einem großen Teil zur Zerstörung der tropischen Regenwälder beigetragen. Die Brandrodung mit Wanderfeldbau ist eine traditionelle Wirtschaftsweise. Mit der Asche werden die Felder gedüngt. Aber der tropische Boden ist schon nach kurzer Zeit ausgelaugt, und ein neues Stück Wald wird abgebrannt. Hinzu kommt, dass sich die Bevölkerung seit 1960 verdreifacht hat. Immer mehr Land wird benötigt, um Nahrungsmittel anzubauen. Doch für eine Modernisierung der Anbaumethoden haben die Bauern kein Geld.

Ein Interview mit Herrn Kanva

Herr Brüderle (deutscher Journalist): Weshalb verschwindet der Wald von Madagaskar?
Herr Kanva (madegassischer Staatsbeamter): Wie in vielen Ländern wächst auch in Madagaskar die Bevölkerung rasch. Und jede neue Familie benötigt ein weiteres Feld für den Anbau. Laut Statistik isst jeder meiner Landsleute durchschnittlich 200 Kilogramm Reis im Jahr. Die Felder gewinnt man durch Brandrodung.

Herr B.: Wie können Sie diesen Teufelskreis durchbrechen?
Herr K.: Wir verbessern die Anbaumethoden. Neue Reissorten mit höheren Erträgen bringen auf einem Feld schon fast den doppelten Ertrag. Der Ertrag wird mit Rinderdung erhöht. Mit den neuen Anbaumethoden können wir nachhaltig wirtschaften. Das heißt, wir schonen die Umwelt.

Herr B.: Und was haben diese verbesserten Anbaumethoden mit dem Wald zu tun?
Herr K.: Ernten die Bauern mehr Reis, müssen sie weniger Waldflächen für neue Felder roden.

M2 *Zerstörung des tropischen Regenwaldes*

M3 *Saholys erste Bohnenernte*

M4 *Gemüse für den Markt*

Aufgaben

1 Erläutere, warum der traditionelle Brandrodungsfeldbau auf Madagaskar heute schädlich für die Umwelt ist.

2 Liste die Maßnahmen auf, die zu einer nachhaltigen Landwirtschaft führen.

3 Erkläre, warum die Kinder in der Schule einen Schulgarten bekommen haben. Welche Folgen ergeben sich daraus für die Region?

Saholy, 14 Jahre, berichtet

„Unsere Schule wurde für ein Projekt ausgewählt. Wir sollten einen Schulgarten erhalten. Ein landwirtschaftlicher Berater kam in unsere Schule und erklärte uns alles. Die Obstbäume sollten zusammen mit Hecken am Rand der Beete gepflanzt werden. So wird verhindert, dass der Boden bei Regenfällen abschwemmt. Die Blätter und Zweige sollten wir als Kompost nutzen. Der Berater zeigte uns, wie wir auf den Beeten neue Gemüsesorten anbauen können. Wir waren am Anfang ziemlich misstrauisch, denn keiner von uns hat je solches Gemüse gegessen. Als wir zum ersten Mal Tomaten, Erbsen, Möhren und Bohnen ernten konnten, kam eine Beraterin vorbei. Sie hat gezeigt, wie man das Gemüse zubereitet.

Ich habe dann meine Eltern gebeten, mir ein Stück von ihrem Feld zu geben. Dort baue ich jetzt Gemüse für unsere Familie an. Ich kann so viel ernten, dass ich einmal in der Woche einen Teil des Gemüses auf dem Markt verkaufen kann. Mein Traum ist es, so viel Geld zu sparen, dass ich mir ein Fahrrad kaufen kann."

(Nach Bundesministerium für wirtschaftliche Zusammenarbeit und Entwicklung (Hrsg.): Komm, lass uns einen Obstbaum pflanzen. www.bmz.de)

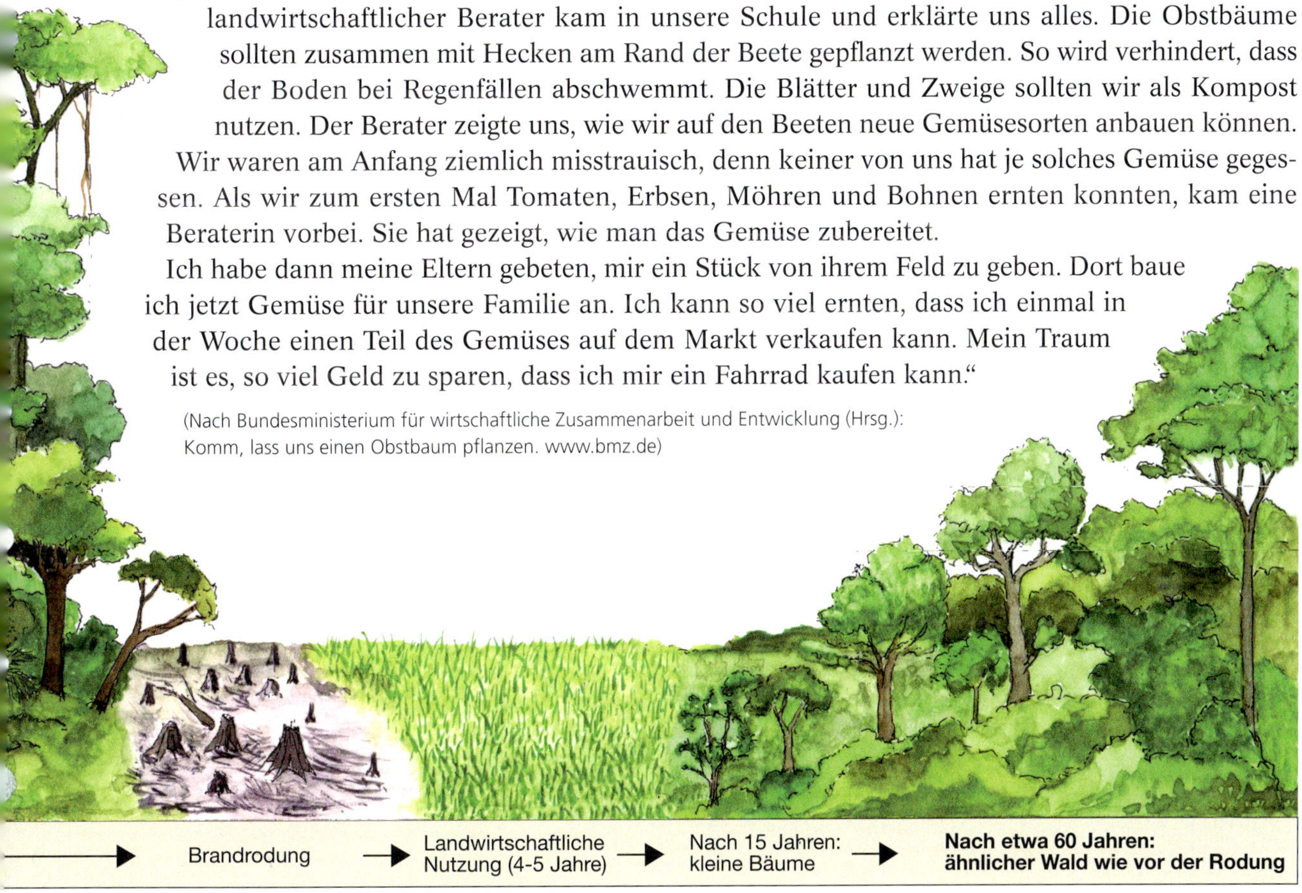

Viehhaltung und Agroforstwirtschaft

Aufgaben

1 Erstelle ein Kausalschema zu den Auswirkungen der Viehhaltung auf Madagaskar.

2 Erkläre den Zusammenhang zwischen der Agroforstwirtschaft und dem Stockwerkbau des tropischen Regenwaldes.

3 Ackerbau, Viehhaltung und Waldnutzung ergänzen sich bei der Agroforstwirtschaft. Erläutere (M3).

4 Informiere dich über die Zeburind-Haltung in Deutschland (Info) und berichte.

M1 *Vernichteter Regenwald – neue Weidefläche*

Wo der Wald „geht", folgt Grasland

Neben dem Ackerbau spielt die Viehwirtschaft auf Madagaskar eine große Rolle. Das Zeburind wird vielfältig eingesetzt und genutzt. Rinder stellen für die Menschen ein Statussymbol dar. Wer viele Rinder hat, wird hoch geachtet. Stirbt der Besitzer einer Herde, werden oft alle Tiere aus seinem Besitz geschlachtet. Mit dem Erlös wird die Beerdigung bezahlt.

Mit dem Wachstum der Bevölkerung haben sich auch die Rinderherden vergrößert. Immer mehr Weidefläche wird benötigt. Da der Boden nährstoffarm ist, wächst das Gras nur spärlich. Viele Bauern brennen die Weiden regelmäßig ab. Die Asche soll Dünger für neue Gräser sein. Reichen die Weiden nicht mehr aus, werden weitere Waldflächen gerodet und als Weide genutzt.

Durch die Vernichtung des Waldes hat die Bodenerosion zugenommen. Die Viehherden verdichten die Böden durch ihren Tritt. Das Wasser kann nicht im Boden versickern. Bei Regenfällen fließt es schnell oberirdisch ab und reißt den Boden mit sich. Oft kommt es zu Schlammlawinen.

Info

Zeburind

Das Zebu ist ein Hausrind in großen Teilen Afrikas und Südasiens. In Indien dient es nur als Zug- und Reittier, in Afrika und auf Madagaskar zusätzlich als Fleisch- und Milchtier. Es trägt meist einen buckelartigen Schulterhöcker und hat eine starke, vom Hals herabhängende Hautfalte.

Seit den 1970er Jahren werden Zebus auch in Baden-Württemberg gehalten und gezüchtet. Sie sind ideale „Landschaftspfleger" in Steillagen, Feuchtgebieten und Naturschutzgebieten und können naturnah gehalten werden. (www.zebusvombirkenhof.de oder www.bromberghof.de)

M2 *Einsatz von Zeburindern*

M4 *Erosionsrinnen*

Wissenschaftler suchen nach Wirtschaftsmethoden, die eine nachhaltige Nutzung des Regenwaldes ermöglichen. So kann die **Agroforstwirtschaft** helfen, den verbliebenen Bestand des tropischen Regenwaldes zu retten. Sie versucht, den Stockwerkbau des Waldes nachzuahmen: Auf den gerodeten Feldern werden einzelne höhere Bäume stehen gelassen. In ihrem Schatten werden Fruchtbäume angepflanzt. Zwischen den Bäumen wachsen in Mischkultur die Feldfrüchte. Der Boden wird mit Dung versetzt, den die Rinder liefern. Außerdem führen Blätter und Pflanzenreste dem Boden Nährstoffe zu. Der Wald liefert zudem Harze, Öle, Honig und Heilpflanzen.

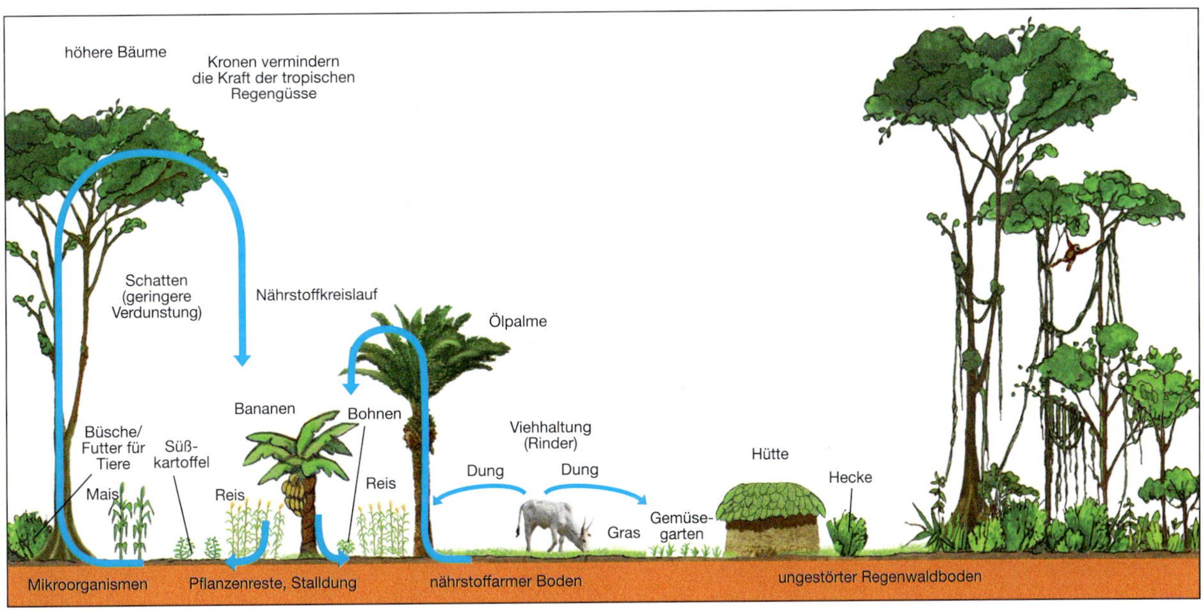

M3 *Agroforstwirtschaft – eine nachhaltige Nutzung*

Die Europäische Union (EU)

Europa wächst zusammen

- **Der EU-Binnenmarkt**
- **Arm und Reich in der EU**
- **Wirtschaftsstandort Ostmitteleuropa**

◀ **M1** *Erster Preis des Wettbewerbs „Kreative Jugend baut Europa“ (von Christopher Abendroth aus Kettenkamp)*

Erste Schritte auf dem Weg zur europäischen Einigung

Bereits im Jahr 1951 gründeten Deutschland, Frankreich, Italien und die Benelux-Staaten die Europäische Gemeinschaft für Kohle und Stahl (EGKS, auch Montanunion genannt). Die Initiative zur **Montanunion** ging vom französischen Außenminister Robert Schuman (1886–1963) aus. Er schlug vor, dass die für die Rüstungsindustrie wichtigen Grundstoffe Kohle und Stahl von einer gemeinsamen Behörde verwaltet werden. Ein Krieg zwischen den ehemaligen Erbfeinden Deutschland und Frankreich sollte nie mehr stattfinden.

In der Montanunion wurden die Zölle für den Kohle- und Stahlhandel abgeschafft. Das belebte den Handel zwischen den Ländern und damit auch die Produktion. Der Wohlstand der Bevölkerung stieg. Nicht zuletzt deshalb wurde die Zusammenarbeit auf alle Bereiche der Wirtschaft ausgedehnt und die **Europäische Wirtschaftsgemeinschaft (EWG)** 1957 in Rom gegründet (Römische Verträge).

M5 *Gedenkmünze zur Erinnerung an den Schuman-Plan zur Montanunion*

M4 *Über den EWG-Vertrag wurde 1957 in Rom beraten. Der deutsche Bundeskanzler Konrad Adenauer (Pfeil) war dabei.*

Quelle 2

Vertrag zur Gründung der EWG 1957 (Auszug aus der Einleitung)

... die Grundlagen für einen immer engeren Zusammenschluss der europäischen Völker zu schaffen,
... durch gemeinsames Handeln den wirtschaftlichen und sozialen Fortschritt ihrer Länder zu sichern, indem sie die Europa trennenden Schranken beseitigen,
... die stetige Besserung der Lebens- und Beschäftigungsbedingungen ihrer Völker als wesentliches Ziel anzustreben,
... dass zur Beseitigung der bestehenden Hindernisse ein einverständliches Vorgehen erforderlich ist, um eine beständige Wirtschaftsausweitung zu gewährleisten,
... durch diesen Zusammenschluss ihrer Wirtschaftskräfte, Frieden und Freiheit zu wahren und zu festigen.

(www.dhm.de [1.9.2006])

Aufgaben

1 Ist die Idee eines geeinten Europa deiner Meinung nach eine Vision oder eine Utopie? Erläutere (M1, M3).

2 a) Was wünschst du dir von Europa? Schreibe die Wünsche auf und erläutere sie.
b) Vergleiche deine Wünsche mit denen deiner Mitschülerinnen und Mitschüler.

3 Welche europäischen Staaten gehörten zur Montanunion (M5, Atlas)?

4 Begründe, warum Robert Schuman gerade die europäische Kohle- und Stahlproduktion vereinigen wollte.

5 Erkläre die einzelnen Abschnitte des EWG-Vertrages (Quelle 2).

6 Nenne Gründe, die für ein geeintes Europa sprechen.

Europa wächst zusammen

- Europäischer Rat (Brüssel seit 2003)
- Ministerrat, auch Rat der Europäischen Union genannt (Brüssel oder Luxemburg)
- Europäische Kommission (Brüssel)
- Europäischer Gerichtshof (Luxemburg)
- Europäischer Rechnungshof (Luxemburg)
- Europäisches Parlament (Straßburg)

M1 *Flagge und Organe (Institutionen) der Europäischen Union*

Auch politisch kommt Europa voran

Die Einigung Europas wurde nicht nur im Bereich der Wirtschaft, sondern auch auf dem Gebiet der Politik vorangetrieben. In diesem Zusammenhang war die Gründung der **Europäischen Union (EU)**, die 1992 in Maastricht (Belgien) erfolgte, ein wichtiger Meilenstein. Die EU-Mitgliedstaaten einigten sich darauf, nun auch in der Außen- und Sicherheitspolitik sowie in der Innen- und Justizpolitik zusammenzuarbeiten.

Innerhalb der EU werden immer mehr politische Fragen auf europäischer Ebene entschieden. Gemeinsam wurde sogar eine Europäische Verfassung erarbeitet. Es ist allerdings nicht sicher, ob sie in Kraft treten wird. Die Bevölkerung in Frankreich und in den Niederlanden zum Beispiel hat die Verfassung in **Volksabstimmungen** abgelehnt.

M2 *EU-Parlamentsgebäude in Straßburg*

Quelle

Zur Gesetzgebung der EU

Die Entscheidungen der EU sollen für alle Länder verbindlich sein. Deshalb werden „Gesetze" gemacht. Diese heißen allerdings auf EU-Ebene nicht „Gesetze", sondern „Richtlinien" und „Verordnungen". Eine „Verordnung" ist in allen Teilen verbindlich und gilt in jedem Staat der EU. Eine „Richtlinie" dagegen verpflichtet die Mitgliedstaaten, an die sie gerichtet ist, nur hinsichtlich des „Zieles". Wie das Ziel in der nationalen Gesetzgebung konkret umgesetzt wird, ist Sache der einzelnen Staaten.

(Nach: Axel Heyer, in: www.europa-digital.de [28.8.2006])

1 Die EU-Kommission schlägt ein neues „Gesetz" (Richtlinie) vor. Sie will erreichen, dass die Prüfungen, die man in einem EU-Mitgliedstaat ablegen muss, um dort Arzt werden zu können, in allen anderen EU-Staaten anerkannt werden. Ärzte sollen in allen EU-Staaten eine Praxis eröffnen dürfen.

2 Das Europäische Parlament und der Ministerrat beraten über den Entwurf. Sie stimmen dem Vorschlag der Kommission zu.

3 Der Ministerrat verabschiedet den Entwurf als Richtlinie, an die sich alle EU-Staaten halten müssen.

4 Die Richtlinie tritt in allen EU-Mitgliedstaaten in Kraft.

5 Jeder Mitgliedstaat muss nun ein eigenes Gesetz zur Ausführung der Richtlinie erlassen.

6 *Berlin:* Sobald Deutschland ein Gesetz zu der Richtlinie erlassen hat, können Ärzte aus anderen EU-Mitgliedstaaten hier eine Praxis eröffnen. Deutsche Ärzte können sich in anderen EU-Staaten niederlassen.

11317E_2

M3 *Beispiel für den Weg einer EU-Richtlinie*

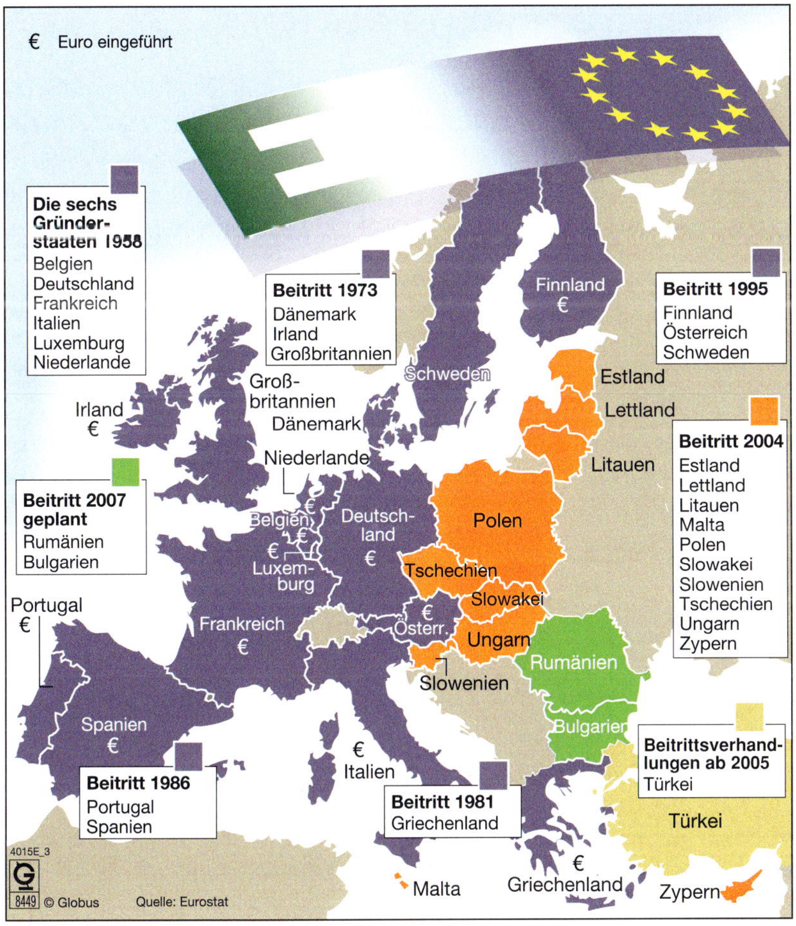

M4 *Entwicklung bis zur EU der 27*

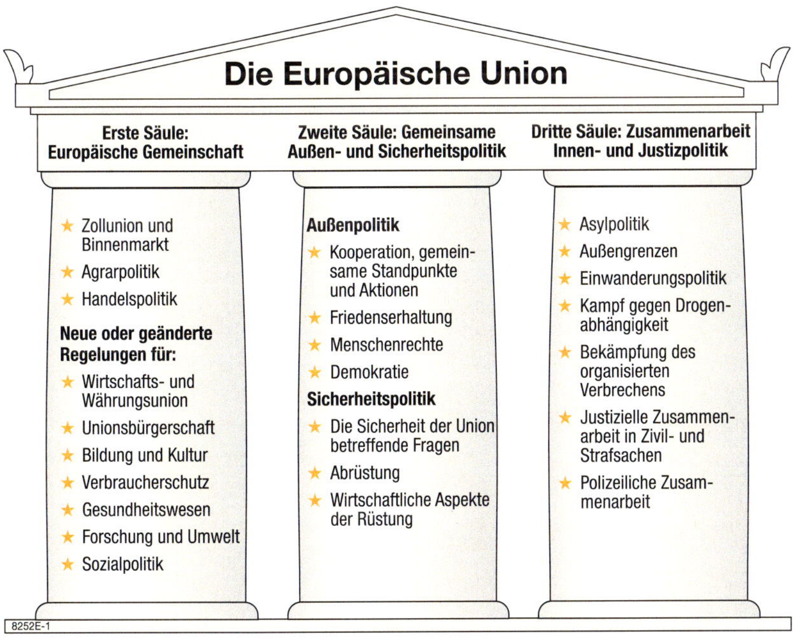

M5 *Von der Wirtschaftsgemeinschaft zur Europäischen Union*

M6 *Der Beitritt zur EU wurde in Ungarn begeistert gefeiert.*

Aufgaben

1 Benenne die Organe der Europäischen Union und ihre Aufgaben beim Zustandekommen einer Richtlinie (M1, M3).

2 a) Finde heraus (www.europarl.de), wie viele Abgeordnete in das Europäische Parlament (M2) gewählt wurden.
b) Erstelle eine Liste mit den EU-Ländern und der jeweiligen Anzahl der Abgeordneten.

3 Welche der Säulen in M5 entspricht der ehemaligen EWG? Begründe.

4 Erstelle eine Zeitleiste zur wirtschaftlichen und politischen Entwicklung Europas (Seiten 118–121).

Der EU-Binnenmarkt

M1 *Auch auf dem EU-Binnenmarkt müssen noch manche Hindernisse beseitigt werden.*

Der gemeinsame europäische Markt

Der Import und Export von Waren und Dienstleistungen, der Kapitaltransfer sowie der Austausch von Technologien wächst weltweit beständig. Gleichzeitig nehmen die wirtschaftlichen Verflechtungen zwischen den Ländern der Erde immer mehr zu, das heißt, die Globalisierung schreitet voran.

Die Staaten der Europäischen Union haben erkannt, dass man den Herausforderungen der Globalisierung nur dann gewachsen ist, wenn man in vielen Bereichen eng zusammenarbeitet und seine Kräfte bündelt, zum Beispiel auf den Gebieten der Wirtschaft, Forschung und Außenpolitik.

Ein Meilenstein dabei ist die Verwirklichung des **EU-Binnenmarktes**, den es seit dem 1. Januar 1993 gibt. Wirtschaftlich betrachtet sind die EU-Staaten nun mit einem einzigen großen Land vergleichbar, in dem ungehindert Handel betrieben werden kann. Nur gegenüber Staaten, die nicht Mitglied der EU sind, den so genannten Drittländern, werden Zölle erhoben, die zum Beispiel die Importwaren verteuern.

Außerdem bemüht man sich innerhalb des Binnenmarktes um eine Angleichung der Steuern und unterschiedlichen Vorschriften der EU-Mitgliedstaaten. Diese machen es den Unternehmen bisher schwer, mit ihren Produkten jenseits der eigenen Landesgrenzen Fuß zu fassen (z. B. Vorschriften zur Ausrüstung von Neuwagen oder über die Zusammensetzung von Wurstwaren).

Die Einrichtung des Binnenmarktes war ein Erfolg. So hat zum Beispiel der Handel innerhalb der EU erheblich zugenommen (bei Fertigwaren um rund ein Drittel). Auch die Zahl der Arbeitskräfte ist allein wegen des Binnenmarktes innerhalb der EU um 2,5 Millionen angestiegen.

Aufgaben

1 Erläutere, wie sich der EU-Binnenmarkt auf die Wirtschaft auswirken kann (M2, Quelle 1).

2 Nenne Beispiele, wie sich der Binnenmarkt für dich und deine Familie auswirkt (M3, M4).

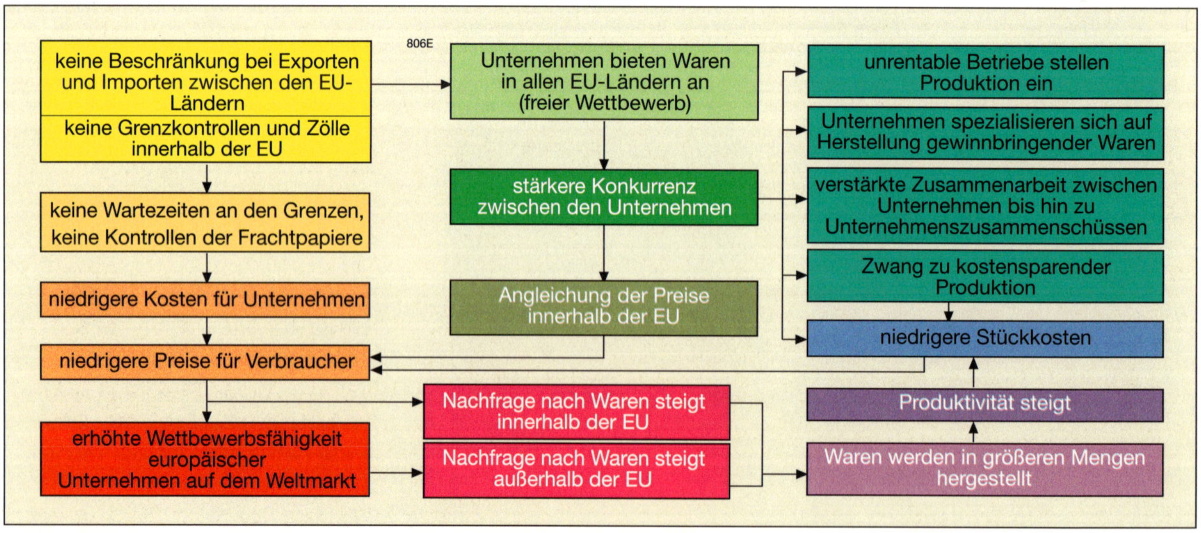

M2 *Mögliche Auswirkungen des EU-Binnenmarktes*

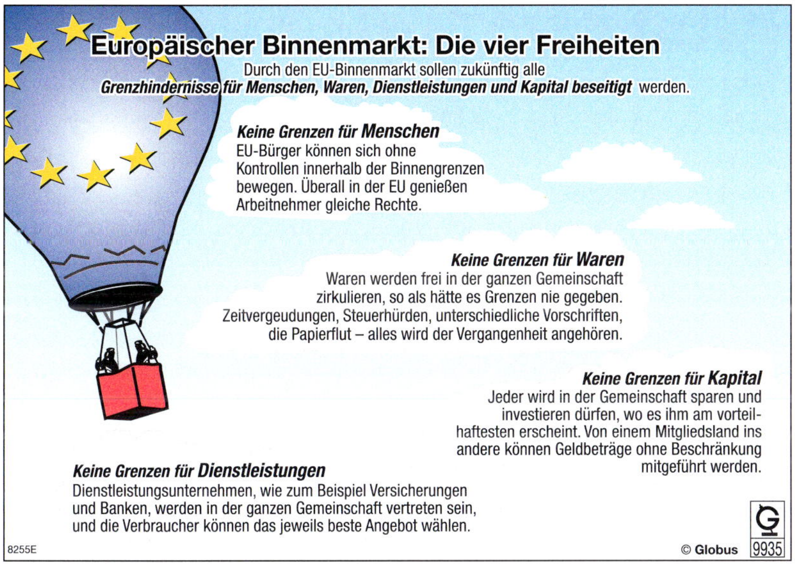

M3

M4 *An der deutsch-französischen Grenze fielen nach dem Schengener Abkommen 1995 die Kontrollen weg.*

Quelle 1

Arbeiten im Nachbarland

Kurz vor Ende meiner Lehrzeit sah ich in meinem Ausbildungsbetrieb an einer Informationstafel einen Aushang: „Holland sucht deutsche Zimmerer! …". Mein Ausbilder konnte damals noch nicht sagen, ob mich mein Betrieb übernehmen würde. Da dachte ich: Es kann nur besser werden! Ich wollte dazulernen, einen festen Arbeitsplatz haben und mehr verdienen. Deshalb ging ich nach Holland und ich muss sagen: Die Leute dort sind sehr nett. Ich wurde von meinen Arbeitskollegen gut aufgenommen. Es ist allerdings schade, dass ich meine Eltern nur noch zwei- bis dreimal im Jahr sehe.

(Nach: Chrismon. Das evangelische Magazin, Nr. 9/2001, S. 54)

Quelle 2

Billige Unternehmer aus Osteuropa

Deutsche Gebäudereiniger- und Baufirmen sind besonders anfällig für Dumping-Konkurrenz aus dem Ausland. Deshalb ist die EU-interne Dienstleistungsfreiheit in diesen Branchen zur Zeit noch eingeschränkt: So muss beispielsweise ein polnisches Reinigungsunternehmen in Deutschland seine Arbeitnehmer nach deutschen Tarifen bezahlen.
Im Fleischerhandwerk ist das anders. Dort, wie in den allermeisten Wirtschaftsbranchen, gilt die Ausnahmeregel nicht. Osteuropäische Unternehmen können deshalb ganze Kolonnen von Mitarbeitern in deutsche Schlachthöfe schicken und sie billig entlohnen.
Ein Beispiel: In der Norddeutschen Fleischzentrale Lübeck trafen über 40 Mitarbeiter einer ungarischen Firma ein. Sie ersetzten die deutschen Arbeitskräfte, die einer Lohnsenkung nicht zugestimmt hatten. Der Vorgang war legal.

(Nach: Wochenschau II, September/Oktober 2005, S. 181f)

Aufgabe

3 Berichte über derzeitige Auswirkungen der EU-Osterweiterung für einzelne Wirtschaftsbranchen in Deutschland. Stelle die Situation aus der Sicht der Arbeitgeber und Arbeitnehmer dar (M5, Quelle 2).

Land	Arbeitskosten* je Stunde in Euro
Belgien	29,96
Deutschland	26,22
Spanien	14,75
Portugal	9,56
Tschechische Republik	5,85
Ungarn	5,54
Polen	4,74
Slowakei	4,41
Litauen	3,22

* Arbeitskosten pro Jahr insgesamt dividiert durch die Zahl der während eines Jahres geleisteten Arbeitsstunden

(Quelle: Eurostat 2006)

M5 *Arbeitskosten 2005 in ausgewählten EU-Ländern*

Arm und Reich in der EU

Aufgaben

1 a) Nenne Städte in je zwei wirtschaftlich starken und schwachen Regionen der EU (M2, Atlas).
b) Welche Industriebranchen gibt es dort (Atlas)?

2 Beschreibe die geographische Lage von
a) drei Regionen, deren BIP weit über dem EU-Durchschnitt liegt;
b) drei Regionen, deren BIP weit unter dem Durchschnitt liegt (M3, Atlas).

3 Erkläre, warum Unternehmer bei der Auswahl eines geeigneten Firmenstandortes oft nicht mehr zwischen EU-Staaten, sondern zwischen verschiedenen Regionen entscheiden.

Die EU – eine Gemeinschaft, unterschiedliche Regionen

In Deutschland bestehen zwischen einzelnen Regionen erhebliche Unterschiede in der Wirtschaftskraft. Es gibt Regionen mit einem hohen Bruttoinlandsprodukt (BIP) pro Einwohner und solche mit einem niedrigen BIP pro Einwohner. Diese so genannten **räumlichen Disparitäten** (räumlichen Ungleichheiten) gibt es auch in anderen EU-Mitgliedstaaten (siehe M2 und M3). Es gibt einerseits „rückständige", überwiegend von der Landwirtschaft geprägte Regionen mit nur wenigen Arbeitsplätzen und andererseits Verdichtungsräume, in denen täglich neue Arbeitsplätze entstehen. Dies sind überwiegend Jobs in wachstumsstarken Bereichen wie zum Beispiel in der Telekommunikations- oder der Logistikbranche. Wirtschaftlich starke Gebiete, die **Aktivräume** (z. B. Hamburg) sind nicht weit entfernt von wirtschaftlich nicht florierenden Gebieten, den **Passivräumen** (z. B. Dessau).

Die französische Region um die High-Tech-Metropole Grenoble zählt zum Beispiel zu den Elektronik-Hochburgen Europas. Doch nur 50 Kilometer von Grenoble entfernt leben die Menschen in den Alpen von einer ertragsarmen Landwirtschaft.

Die spanische Region Katalonien (Hauptstadt: Barcelona), die ungefähr so groß ist wie das Land Belgien, macht nur rund sechs Prozent der Landesfläche von Spanien aus. Doch die über sechs Millionen Einwohner produzieren ein Viertel aller spanischen Industriegüter.

Die dänische Stadt Århus und ihr Umland haben sich mit hochwertigen Produktionsverfahren auf dem Gebiet der Lebensmitteltechnik in Europa einen außergewöhnlichen Ruf erworben. Rahmkäse zum Beispiel, der mit Hilfe bestimmter Verfahren hergestellt wird, bleibt selbst in der glühenden Sonne Saudi-Arabiens auch ohne Konservierungsstoffe und ohne Kühlschrank monatelang haltbar.

M1 *Inner London und Grünberg – Regionen mit sehr hohem und sehr niedrigem Bruttoinlandsprodukt (BIP) pro Einwohner (siehe M2 und M3)*

Info

Region

Die Europäische Union hat auf der Grundlage der Verwaltungsgrenzen ein System zur regionalen Gliederung des EU-Gebietes festgelegt. Es gibt eine grobe, mittlere und feine Einteilung in Regionen.

Beispiel Deutschland:

- grobe Einteilung in Bundesländer;
- mittlere Einteilung in Regierungsbezirke, Stadtstaaten, kleinere Flächenstaaten;
- feine Einteilung in Landkreise, Stadtkreise und kreisfreie Städte.

Die Einteilung der EU in Regionen erleichtert die Erhebung statistischer Daten (z. B. Einwohnerzahl, Bruttoinlandsprodukt pro Einwohner). Diese Daten nutzen die EU-Institutionen, wenn politische Entscheidungen getroffen werden, zum Beispiel, wenn es um die finanzielle Unterstützung so genannter „armer" Regionen geht.

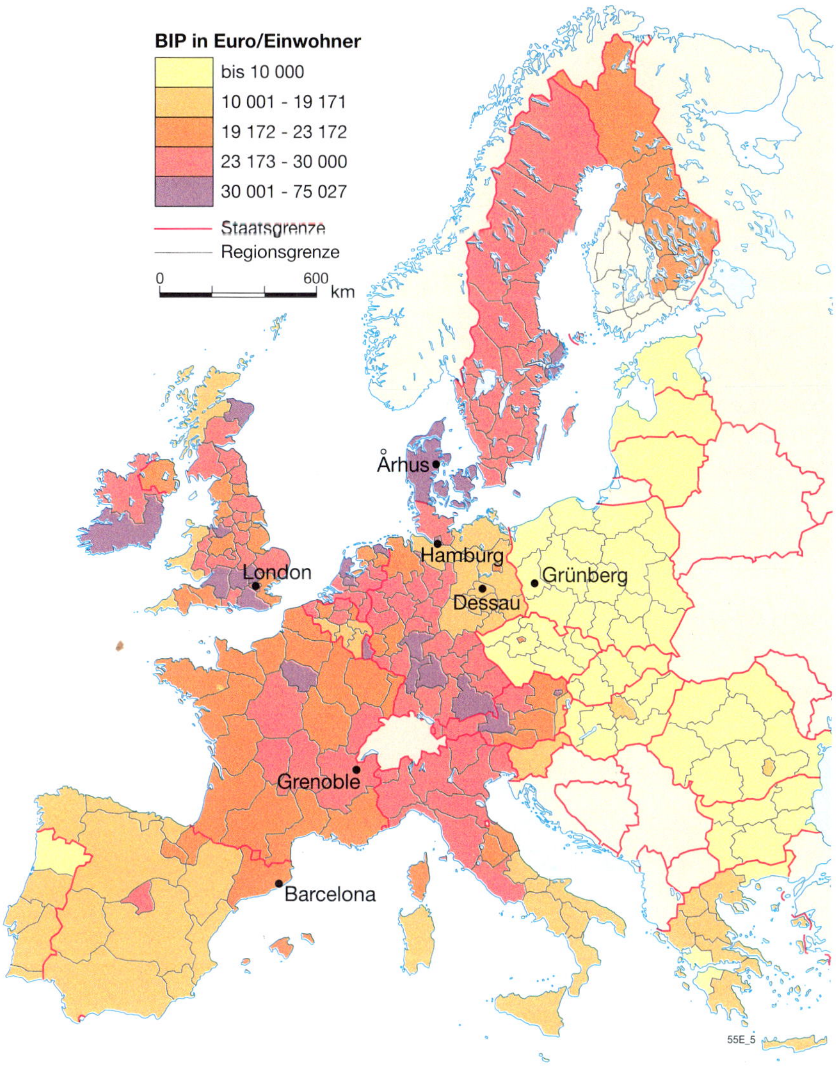

M2 *Reiche und arme Regionen in Europa (mittlere Einteilung)*

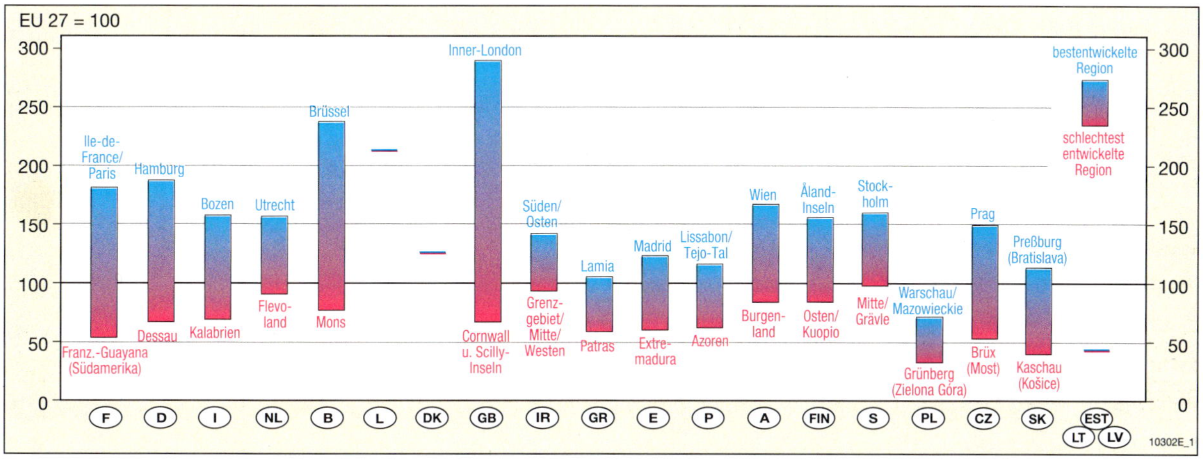

M3 *Unterschiedlicher Entwicklungsstand von Regionen in ausgewählten EU-Staaten*

Wirtschaftsstandort Ostmitteleuropa

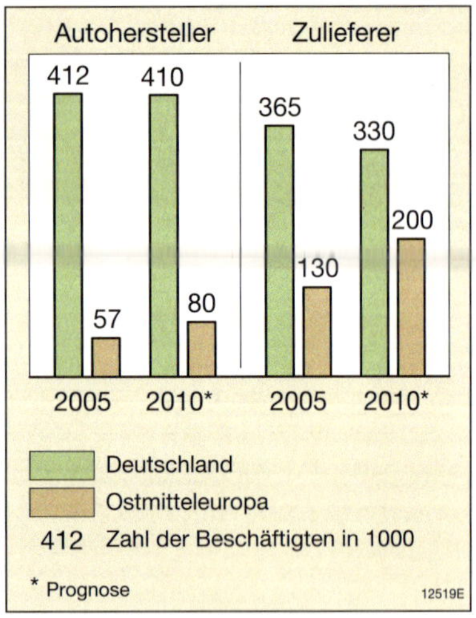

M1 *Beschäftigte in der Automobil- und Zuliefererindustrie*

Go East!

Nach dem Wegfall des Eisernen Vorhangs (siehe Seite 134) und durch die **EU-Osterweiterung** in den Jahren 2004 und 2007 haben sich die EU-Staaten im Osten Europas zu einem wichtigen Standort für die deutschen Automobilhersteller und die Zulieferindustrie entwickelt. So wurden im Jahr 2005 beispielsweise 880 000 aller im Ausland produzierten deutschen Pkws (4,8 Mio.) in den Ländern Ostmitteleuropas gefertigt: in Polen, Ungarn, Tschechien und der Slowakei.

Von hier aus können deutsche Autos leichter in die Länder Ost- und Südosteuropas exportiert werden als von Deutschland aus. In diesen Ländern ist die Pkw-Dichte noch niedrig (z. B. Russland 2005: 168 Pkw/1000 Ew; zum Vergleich Deutschland: 550 Pkw/1000 Ew). Das Wachstumspotenzial des deutschen Automarktes ist im Hinblick auf ost- und südosteuropäische Absätze groß.

Aufgaben

1 Beschreibe die Entwicklung der Automobilindustrie in Ostmitteleuropa am Beispiel der Pkw-Produktion (M2).

2 Ostmitteleuropa ist ein wichtiger Standort der deutschen Automobilindustrie. Erkläre (M3, M4, M5, Quelle 1).

Land	Arbeitskosten pro Stunde	Unternehmenssteuern
Polen	5,40 €	19 %
Ungarn	4,70 €	18 %
Slowakei	3,30 €	19 %
Tschechien	4,20 €	24 %
Zum Vergleich:		
Deutschland (Ost)	16,50 €	39 %
Deutschland (West)	28,50 €	

M3 *Kosten der Automobil- und Zuliefererindustrie 2005*

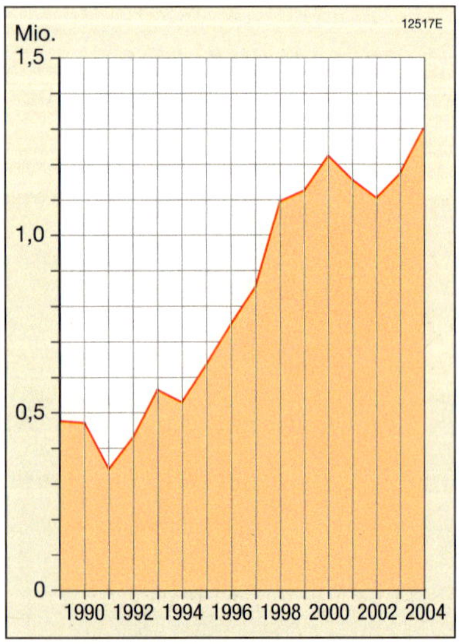

M2 *Pkw-Produktion in Ostmitteleuropa*

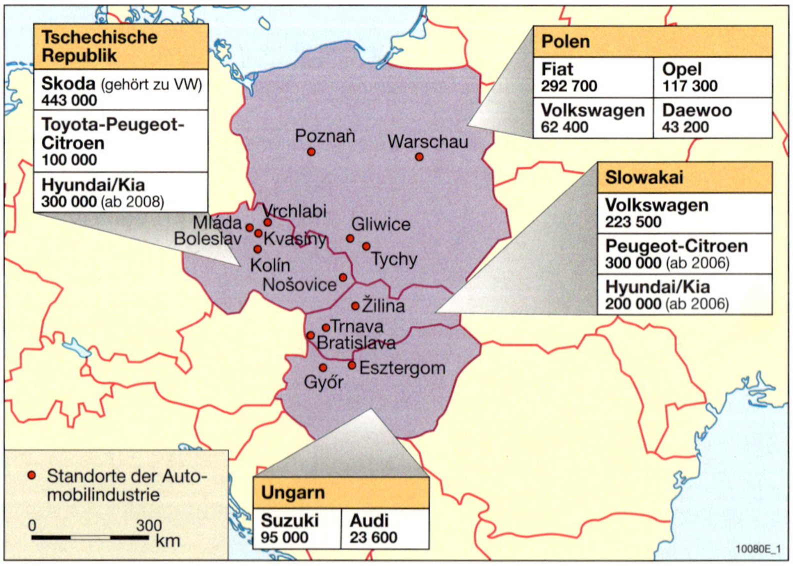

M4 *Standorte der Automobilindustrie und Produktion (Pkw 2005)*

M5 *Nach den Gesetzen der Tschechischen Republik dürfen die Arbeitnehmer bis zu sieben Tage in der Woche arbeiten. Dadurch kann die Firma Skoda die teuren Produktionsanlagen besser auslasten.*

Quelle 1

Deutsche Autos – made in Slovakia

Jeder VW-Touareg, der irgendwo auf der Welt verkauft wird, stammt aus der Slowakei. Die Autos werden in Bratislava (Preßburg) hergestellt. Jährlich laufen hier 280 000 Autos vom Typ Touareg vom Band. Zum Teil werden hier auch die VW-Modelle Polo und Golf sowie der Seat Ibiza gebaut – und zwar „von hoch motivierten und gut ausgebildeten Arbeitnehmern", wie der Firmenchef sagt. 30 Prozent der in der Slowakei produzierten Autos werden nach Deutschland exportiert, 22 Prozent in die USA und neun Prozent nach Italien.

(Nach: Handelsblatt vom 1.12.2004 und Die Zeit vom 14.4.2004)

Quelle 2

Skoda – ein beliebter Arbeitgeber

Beim Autohersteller Skoda in der tschechischen Kleinstadt Mladá Boleslav arbeiten die Leute gern. Kein Wunder! Mit etwa 24 000 Kronen im Monat (umgerechnet rund 800 Euro) liegt der Lohn der Skoda-Beschäftigten weit über dem landesweiten Durchschnittseinkommen von 18 000 Kronen.
Das Unternehmen bietet darüber hinaus zusätzliche Leistungen: Skoda sorgt zum Beispiel dafür, dass die Kinder der Beschäftigten während der Arbeitszeit betreut werden. Die Arbeitnehmer bekommen auch zinslose Darlehen, wenn sie sich eine Eigentumswohnung oder ein Haus kaufen wollen.
Doch die Ansiedlung von Skoda, des mit fast 25 000 Beschäftigten größten Industriebetriebes in Tschechien, hat auch Nachteile mit sich gebracht. Viele andere mittelständische Unternehmen haben Probleme, offene Stellen zu besetzen. Manche Arbeitnehmer fordern selbst von den kleinen Geschäften hohe Löhne, wie sie bei Skoda üblich sind.

(Nach: Frankfurter Rundschau vom 20.5.2005)

Land	Import	Export
	Zahl der Pkws	
Polen	200 700	329 400
Tschechien	370 400	252 600
Slowakei	43 100	108 100
Ungarn	325 400	76 300
Zum Vergleich:		
Deutschland	2 042 100	4 353 400

M6 *Pkw-Außenhandel der ostmitteleuropäischen Staaten*

Aufgaben

3 Nenne Gründe, warum die Beschäftigten gerne bei der Automobilfirma Skoda arbeiten (Quelle 2).

4 Stell dir vor, du hättest ein Lebensmittelgeschäft in Mladá Boleslav. Das Geschäft läuft gut und du möchtest eine weitere Verkäuferin einstellen. Wie könnte ein Vorstellungsgespräch verlaufen?
Spielt die Szene nach.

5 Erstellt ein Länderprofil zu jedem der vier ostmitteleuropäischen Länder. Arbeitet in Gruppen und präsentiert eure Ergebnisse.

Die Europäische Union (EU)

1. Kennst du dich aus?

Notiere, was die Abbildung zeigt und auf welches Ereignis sie hinweist.

2. Gegensätze in der EU

Erkläre mit Hilfe des Schemas, welche Gegensätze in der EU bestehen.

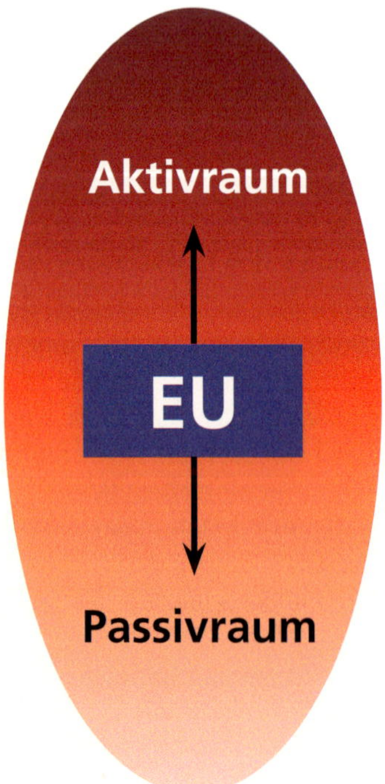

3. Der Weg einer EU-Richtlinie

Zeichne das Schema ab und ergänze es dabei.

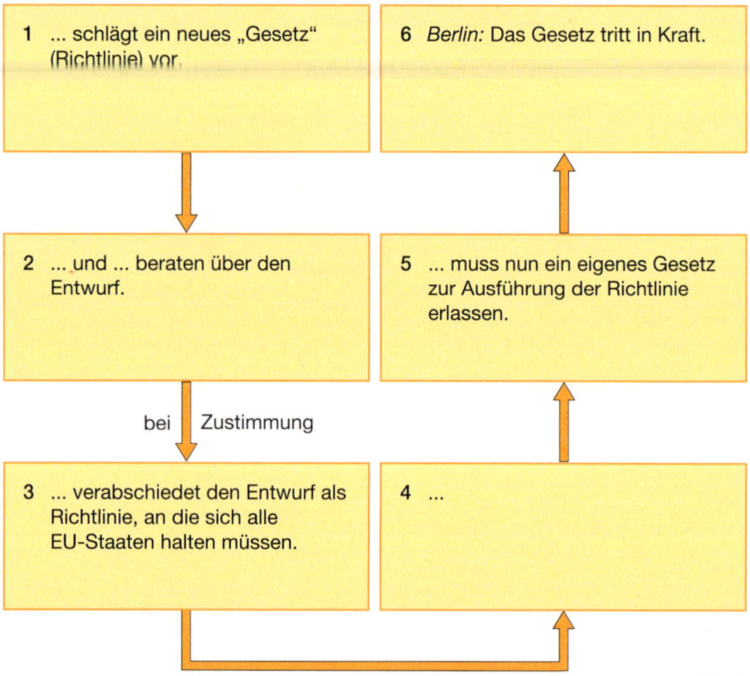

4. Der Europäische Binnenmarkt

a) Begründe, warum ein gemeinsamer Binnenmarkt für die EU-Staaten geschaffen wurde.

b) Man spricht von den vier Freiheiten. Erkläre sie im Einzelnen.

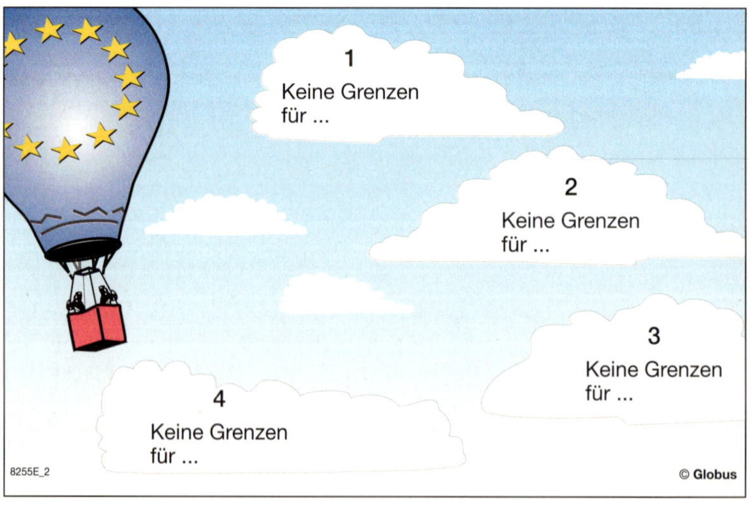

Europa wächst zusammen

Nach dem Zweiten Weltkrieg wurde mit der Verwirklichung der Vision eines vereinten Europas begonnen. Fortschritte gelangen zuerst auf wirtschaftlichem Gebiet. 1951 wurde die Montanunion gegründet und 1957 die Europäische Wirtschaftsgemeinschaft (EWG). Die engen wirtschaftlichen Beziehungen zwischen den Mitgliedstaaten belebten die Wirtschaft. Der Wohlstand der Bevölkerung stieg.
Mit der Gründung der Europäischen Union (EU) im Jahr 1992 wurde die Zusammenarbeit vertieft und auf den politischen Bereich ausgeweitet. Weitere Länder sind seitdem der EU beigetreten. Die Zahl der Mitgliedstaaten ist auf 27 angestiegen. Politische Entscheidungen werden immer häufiger auf EU-Ebene getroffen. Damit diese für alle EU-Mitgliedstaaten verbindlich sind, werden „Gesetze“ gemacht.

Der EU-Binnenmarkt

Die EU-Staaten arbeiten auch zusammen, um den Herausforderungen der Globalisierung gewachsen zu sein. Ein gemeinsamer Binnenmarkt wurde 1993 geschaffen. Grenzhindernisse für Menschen, Waren, Dienstleistungen und Kapital wurden beseitigt. Diese Freiheiten erhöhen die Konkurrenzfähigkeit der EU-Staaten gegenüber dem Ausland.

Arm und Reich in der EU

Innerhalb der EU gibt es wirtschaftlich sehr gut entwickelte Gebiete und so genannte rückständige Regionen. In den Aktivräumen entstehen zahlreiche neue Arbeitsplätze. In den Passivräumen leben die Menschen überwiegend von der Landwirtschaft. Die räumlichen Disparitäten in der EU sind, gemessen am Bruttoinlandsprodukt pro Einwohner, groß.

Wirtschaftsstandort Ostmitteleuropa

Ostmitteleuropa ist wegen seiner Standortvorteile (z. B. niedrige Arbeitskosten und Steuern, Nähe zu den Absatzmärkten in Russland und in den südosteuropäischen Ländern) ein attraktiver Standort für die Automobil- und Zulieferindustrie. Deutsche, französische und ostasiatische Autofirmen und Zulieferbetriebe haben sich dort niedergelassen.

Grundbegriffe

- Montanunion
- Europäische Wirtschaftsgemeinschaft (EWG)
- Europäische Union (EU)
- Volksabstimmung
- EU-Binnenmarkt
- räumliche Disparität
- Aktivraum
- Passivraum
- EU-Osterweiterung

Friedens- und Zukunftssicherung auf der Erde

Krieg und Frieden auf der Erde

Der Ost-West-Konflikt

Die Welt im Wandel

Weltpolizist UNO

Der Nahostkonflikt

Menschenrechte heute

M1 *Generalversammlung der UNO mit Vertretern von 192 Mitgliedstaaten*

Krieg und Frieden auf der Erde

„Was spielt ihr?", fragte der alte Mann die Kinder. „Wir spielen Krieg!" Darauf der Alte: „Wie kann man nur Krieg spielen? Ihr wisst doch sicher, wie schlimm der Krieg ist. Ihr solltet Frieden spielen." „Das ist eine gute Idee", sagten die Kinder. Schweigen, Beratung, Tuscheln und wieder Schweigen. Dann trat ein Kind vor und fragte: „Wie spielt man Frieden?"

M1 *Schwieriges Spiel*

Frieden ist für mich ...

... kein Krieg auf der ganzen Welt.

... wenn man wieder Freunde werden kann.

... wenn alle Leute gleich viel Geld haben, sodass niemand neidisch auf den anderen ist.

... unmöglich, es wird niemals überall Frieden geben.

... wenn die Menschen sich miteinander wohl fühlen, dass sie sich nicht streiten und dass sie alles miteinander teilen.

M3 *Äußerungen von Schülerinnen und Schülern einer 10. Klasse zum Thema Frieden*

„War of the world"

Die Schülerinnen und Schüler der 10. gehen in die große Pause. Auf dem Schulhof unterhalten sie sich über Erfahrungen mit Computerspielen. Bei den Jungen sind vor allem Kampf- und Kriegsspiele der Renner. Sven berichtet von seinem neuesten Kauf. „War of the World". In diesem Spiel werden Gefechte und Schlachten durchgespielt. Er erklärte in allen Einzelheiten, wie viele Soldaten und welche Waffensysteme mit welcher Feuerkraft zum Einsatz kommen, wie viele „Feinde" auszuschalten sind.

Avad steht die ganze Zeit daneben. Er wirkt abwesend und fühlt sich sichtlich unwohl. „Ey, was ist los mit dir?" fragt Peter. Avad zögert. Dann sagt er so, dass es alle hören können: „Ich komme aus Bosnien, das wisst ihr ja. Dort war Krieg, nicht auf dem Bildschirm, sondern wirklich. Ich habe das alles miterlebt. Ich habe Explosionen und Schießereien erlebt, ich habe Tote und Verwundete gesehen. Mein Bruder musste in dem Krieg als Soldat kämpfen. Er wurde am Bein verwundet und humpelt jetzt immer noch."

1 Russland (Tschetschenien)
2 DR Kongo
3 Sudan
4 Äthiopien
5 Burundi
6 Elfenbeinküste, Côte d'Ivoire
7 Nigeria (Christen, Muslime)
8 Nigeria (Nigerdelta)
9 Ruanda (Hutu)
10 Somalia
11 Uganda
12 Haiti
13 Kolumbien
14 Bhutan
15 China (Hui)
16 Indien (Assam)
17 Indien (Kaschmir)
18 Indien (Nagaland)
19 Indonesien (Aceh)
20 Indonesien (Molukken)
21 Laos
22 Myanmar
23 Nepal
24 Sri Lanka
25 Thailand
26 Irak
27 Afghanistan (Taliban)
28 Algerien
29 Israel (Palästinenser)
30 Jemen

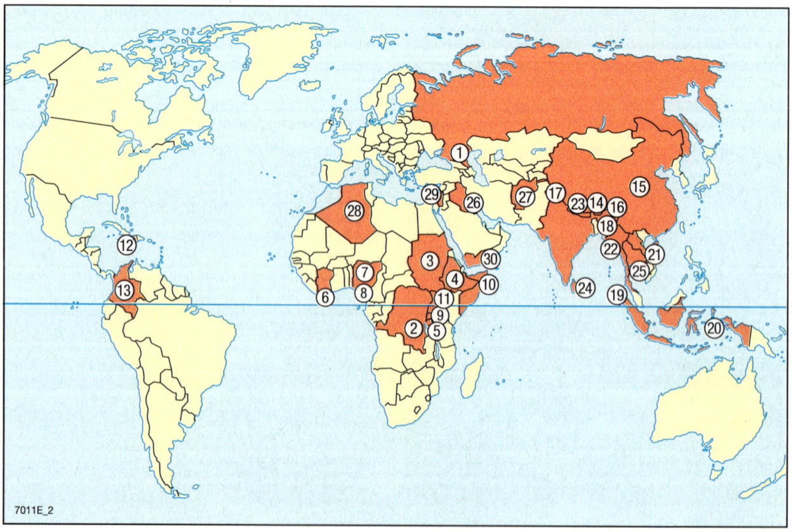

M2 *Regionale Krisen und Konflikte 2006*

Kindersoldaten

Nach Schätzungen von UNICEF kämpfen auf der ganzen Welt rund 300 000 Kinder und Jugendliche als Kindersoldaten. Mindestens 200 000 Kindersoldaten gibt es allein in Afrika. Viele Kinder werden mit brutaler Gewalt zu kriegerischen Kampfhandlungen gezwungen. Sie werden nicht nur als aktive Kämpfer, sondern auch als Kuriere, Spione sowie zur Minenräumung eingesetzt. Die Auswirkungen sind dramatisch: Die Kinder werden getötet oder verlieren Beine oder Arme. Wenn sie unverletzt sind, haben sie noch Jahre nach dem Krieg Angstträume.

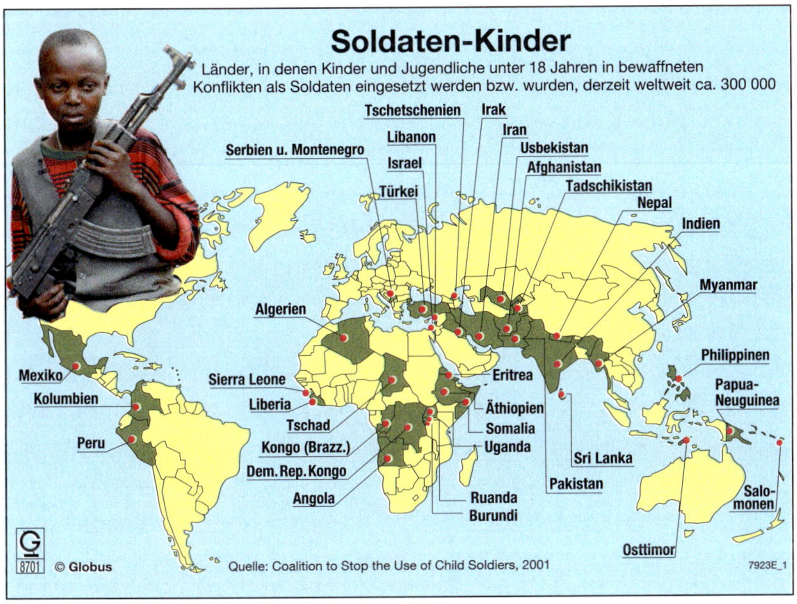

M4 *Kindersoldaten*

M5 *Kindersoldat*

Quelle

Kinder-Dienst an der Waffe

In zahlreichen Ländern werden Kinder zum Dienst an der Waffe gezwungen. Sie werden entführt und aus ihrem Umfeld gerissen. Viele Kinder in den Kriegsgebieten Afrikas haben niemanden, der für sie sorgt. Sie schließen sich Soldaten an, um dem Hungertod zu entgehen. Krieg führende Gruppen ziehen oft Kinder und Jugendliche den Erwachsenen als Soldaten vor, weil junge Leute weniger Ansprüche stellen und besser gehorchen. Kindersoldaten bekommen oft keinen oder kaum Sold und begnügen sich mit dem Essen, das sie erhalten.

(Nach: Kampagne „Kindersoldaten – you must act", in: www.drk.de)

Aufgaben

1 Setzt das Gespräch zwischen Peter und Avad fort.

2 a) Informiert euch in Gruppen über Ursachen, Verlauf und Folgen des Kriegsgeschehens in einem Staat in M2 bei der Arbeitsgemeinschaft Kriegsursachenforschung (www.akuf.de).
b) Verfasst hierzu einen Nachrichtentext.

3 Notiere Gründe, weshalb Kinder zu Soldaten werden (Quelle).

4 Informiere dich beim Deutschen Roten Kreuz (www.drk.de) und bei terre des hommes (www.tdh.de) über Möglichkeiten, wie Kindersoldaten zu helfen ist.

5 Vergleiche M2 und M4.
In welchen Gebieten sind Kinder als Soldaten eingesetzt?

Der Ost-West-Konflikt

M1 *Westdeutsches Plakat von 1952*

Blöcke entstehen

Nach dem Zweiten Weltkrieg gewann die Sowjetunion die Staaten an ihrer Westgrenze als Verbündete. 1950 schlossen sich diese kommunistisch-diktatorisch regierten Länder militärisch unter Führung der Sowjetunion zusammen und gründeten den **Warschauer Pakt** (M2).

Die USA waren aus dem Zweiten Weltkrieg als stärkste wirtschaftliche und militärische Macht hervorgegangen. Ab 1947 vertraten sie eine „Politik der Eindämmung" gegenüber der Sowjetunion; sie wollten eine Vergrößerung des sowjetischen Machtbereichs entschlossen verhindern. Deshalb gründeten sie 1949 zunächst mit Kanada und zehn westeuropäischen Staaten die Nordatlantische Verteidigungsgemeinschaft **NATO**. Die Bundesrepublik Deutschland trat diesem Bündnis 1955 bei.

Der östliche wie auch der westliche Machtblock betrieben seit den 1950er Jahren eine starke militärische Aufrüstung. Man bezeichnet diese Phase als **Kalten Krieg**. Beide Blöcke trennte als politische und auch weltanschauliche Grenze der „Eiserne Vorhang", der mitten durch Deutschland verlief.

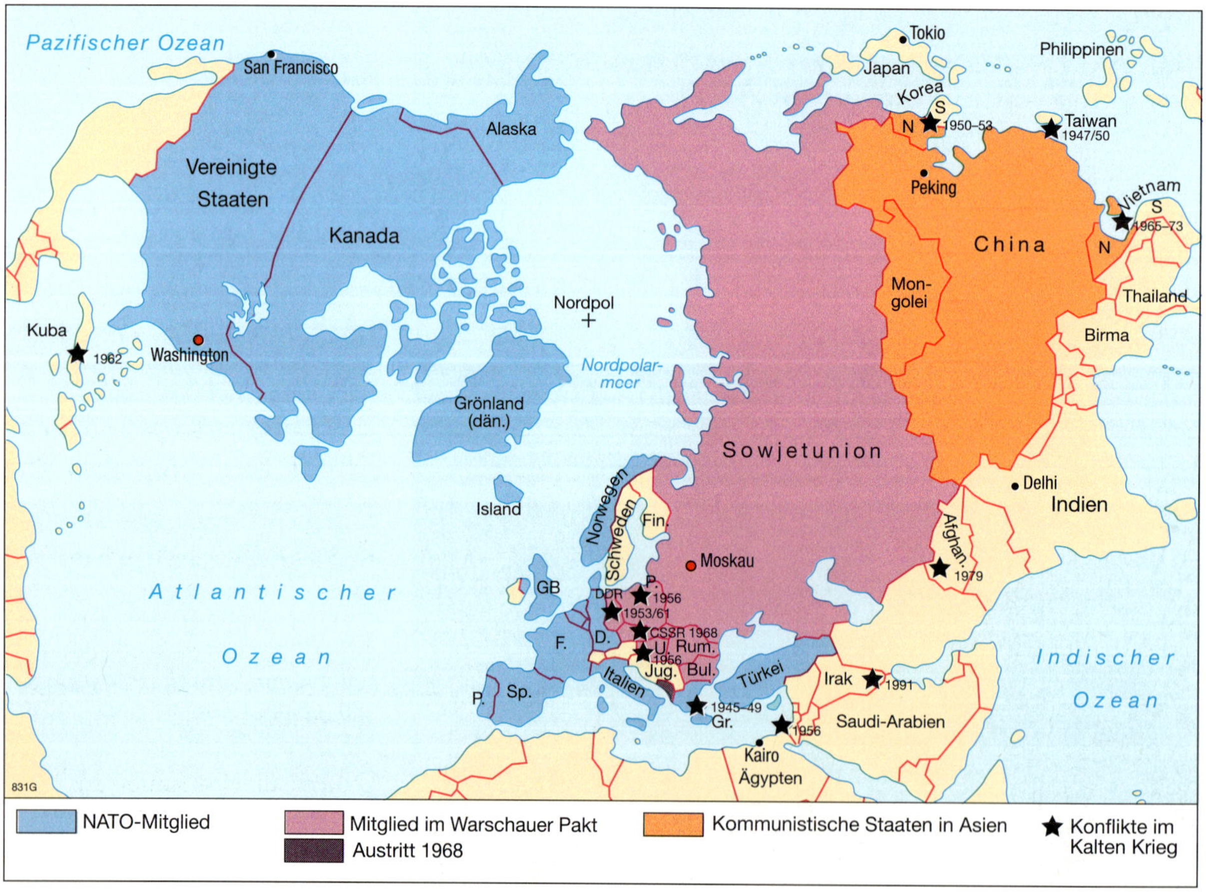

M2 *Die Welt im Ost-West-Konflikt nach 1949*

M3 *Stationen des Ost-West-Konflikts*

Quelle 1

Aus einer Rede des sowjetischen Politikers Shdanow 1947

„Je größer der Zeitraum ist, der uns vom Kriegsende trennt, desto krasser tritt die Teilung der Welt in zwei Hauptlager hervor: das imperialistische, antidemokratische Lager mit den USA einerseits, das die Vorbereitung eines neuen imperialistischen Krieges betreibt, und das antiimperialistische, demokratische Lager unter Führung der Sowjetunion andererseits, das den Kampf gegen neue Kriege führt. Die Anstrengungen aller demokratischen, antiimperialistischen Kräfte Europas sind erforderlich, um den Plan der imperialistischen Aggression zunichte zu machen."

(Nach Boris Meissner [Hrsg.]: Das Ostpakt-System. Frankfurt/Main 1955, S. 91)

Quelle 2

Aus einer Rede des englischen Politikers Winston Churchill vor dem britischen Unterhaus am 2.3.1955

In der freien Welt besteht weitgehend die Überzeugung, dass ohne die amerikanische Überlegenheit in nuklearen Waffen der Eiserne Vorhang bereits bis zum Atlantik vorgeschoben worden wäre. Es gibt für die freie Welt in den nächsten Jahren nur eine vernünftige Politik: diejenige, die wir Verteidigung durch Abschreckung nennen.

(Nach Fritz Seelig, Hermann Beyer: Geschichtliche Quellenhefte. Frankfurt/Main 1958, S. 63 ff)

M4 *Europas Situation 1950*

Aufgaben

1 Was soll mit dem Plakat (M1) zum Ausdruck gebracht werden?

2 Schreibe die Verbündeten der USA und der Sowjetunion auf (M2).

3 Erläutere die Bewertung der Weltlage durch Shdanow im Jahr 1947 (Quelle 1).

4 Interpretiere die Karikatur (M4).

5 Wodurch will Churchill die politische Freiheit in Westeuropa sichern (Quelle 2)?

6 Suche dir eine Station aus dem Ost-West-Konflikt (M3) aus, recherchiere im Internet und schreibe einen Text.

Info

Schlussakte von Helsinki
Die Schlussakte der KSZE von Helsinki 1975 ist ein Dokument, in dem sich die 35 Unterzeichnerstaaten zur gegenseitigen Zusammenarbeit verpflichteten. Sie trug wesentlich zur Entschärfung des bis 1989 existierenden Ost-West Konfliktes bei.

M2 *KSZE-Konferenz in Helsinki 1975*

Sicherheit und Zusammenarbeit

In den 1970er Jahren setzte langsam ein Klima der Entspannung ein. Vertreter aus 35 Ländern in West- und Osteuropa, der Sowjetunion, der USA und Kanada trafen sich regelmäßig zu **Konferenzen für Sicherheit und Zusammenarbeit in Europa (KSZE)**. Das Ziel dieser Konferenzen war es, die Gegensätze zwischen Ost und West abzubauen. 1975 unterzeichneten die 35 Teilnehmerstaaten die „Schlussakte von Helsinki“. Sie umfasst drei Themengruppen, so genannte „Körbe“ (M3).
Nach 1975 fanden weitere Konferenzen statt. 1995 wurde die KSZE in **Organisation für Sicherheit und Zusammenarbeit in Europa (OSZE)** umbenannt. Ihr gehören heute 55 Staaten aus Europa, Asien und Nordamerika an. Die ständigen Vertreter der Teilnehmerstaaten tagen einmal pro Woche in Wien.

Prinzipien für die Koexistenz (das friedliche Nebeneinanderbestehen) der Staaten

- Gegenseitige Anerkennung
- Enthaltung von Androhung und Anwendung von Gewalt
- Unverletzlichkeit der Grenzen
- Friedliche Regelung von Streitfällen
- Nichteinmischung in innere Angelegenheiten
- Achtung der Menschenrechte und Grundfreiheiten, einschließlich der Gedanken-, Gewissens-, Religions- oder Überzeugungsfreiheit
- Gleichberechtigung und Selbstbestimmungsrecht der Völker

M1 *Aus der 1. Themengruppe (Korb I) der Schlussakte von Helsinki*

Korb I
- Sicherheit
- Prinzipien für das Zusammenleben der Staaten

Korb II
- Zusammenarbeit in Wirtschaft, Wissenschaft und Technik
- Zusammenarbeit in Umweltfragen

Korb III
- Menschliche Kontakte und regelmäßige Begegnungen auf der Grundlage familiärer Bindungen
- Familienzusammenführung
- Lösung humanitärer Probleme
- Kulturelle Zusammenarbeit

M3 *Die drei Themengruppen (Körbe) der Schlussakte von Helsinki*

M4 *Karikatur vom November 1990*

M6 *27. Juni 1989: Alois Mock (links) und Gyula Horn (rechts) durchschneiden den „Eisernen Vorhang".*

Der Zerfall des Ostblocks

Die Schlussakte der KSZE von Helsinki hatte Oppositionsgruppen in den osteuropäischen Staaten in ihrer Arbeit bestärkt. Sie setzten sich für die Reform der kommunistisch-diktatorischen Regierungssysteme ein. Diese Bestrebungen wurden von Michail Gorbatschow, dem Generalsekretär des Zentralkomitees der Kommunistischen Partei der Sowjetunion, unterstützt. Seine Politik erlaubte den osteuropäischen Staaten die Durchführung politischer Reformen. Die Regierungen der Ostblockstaaten wurden 1989/1990 im Rahmen friedlicher Revolutionen aufgelöst und durch demokratisch gewählte Regierungen ersetzt.
Das Bild, das die Auflösung des Ostblocks symbolisiert, wurde am 27. Juni 1989 gemacht. An diesem Tag durchschnitten der österreichische und der ungarische Außenminister den Stacheldraht an der ungarischen Westgrenze bei Sopron, südlich des Neusiedler Sees. Allerdings dauerte es noch zweieinhalb Monate, bis die erste DDR-Familie ungehindert den Grenzübergang Hegyeshalom-Nickelsdorf an der A1 nördlich des Neusiedler Sees von Ungarn nach Österreich passieren durfte. An diesem 11. September 1989 erklärte Ungarn, dass DDR-Bürger nach Westen ausreisen dürften. Das taten noch in derselben Nacht 12 000 DDR-Bürger. Die Regierungen der DDR, der Tschechoslowakei und Rumäniens protestierten heftig. In den Monaten darauf wurden sie gestürzt.

Ungarn öffnet seine Grenzen

DDR-Führung öffnet die Grenzen zur BRD

M5 *Schlagzeilen von 1989*

Aufgaben

1 Ermittle mit Hilfe des Internets die Unterzeichnerstaaten der Schlussakte von Helsinki.

2 Berichte über die aktuellen Aktivitäten der OSZE aus der Tagespresse bzw. dem Internet (www.osce.org).

3 Welche Vereinbarung der Schlussakte von Helsinki war für die Oppositionsgruppen in den osteuropäischen Staaten von besonderer Wichtigkeit (M1)?

4 Erkläre die Karikatur von 1990 (M4).

5 Lies M1 und erläutere die Prinzipien, die für die Koexistenz der Staaten am schwierigsten einzuhalten sind.

M1 *Michail Gorbatschow*

Ein Datum der Weltgeschichte

Am 25. Dezember 1991 um 18.35 Uhr wird über dem Kreml, dem Sitz des Präsidenten, die rote Fahne der Sowjetunion mit Hammer und Sichel eingeholt. Dafür wird die weiß-blau-rote Flagge Russlands gehisst. Das bedeutet das Ende der Sowjetunion und der dort herrschenden Regierungsform, des Kommunismus.

Der Zerfall der Sowjetunion kam nicht plötzlich, sondern war das Ergebnis einer langen Entwicklung. Michail Gorbatschow leitete seit seiner Wahl als Generalsekretär der Kommunistischen Partei 1985 die Demokratisierung der Sowjetunion ein. 1990 wurde er Staatspräsident. Er wollte die Lebensverhältnisse der Menschen in der Sowjetunion verbessern durch die Übernahme westlicher Prinzipien: der politischen Öffnung des Landes („Glasnost") und der demokratischen Umgestaltung in Politik und Wirtschaft („Perestroika"). Das kommunistische System sollte jedoch erhalten bleiben. Gorbatschow bedachte allerdings nicht, dass die Stimmung im Ostblock bereits zu brodeln anfing. Ein Reformwillen von Seiten des Staates wirkte auf die Menschen im gesamten Einflussbereich der Sowjetunion wie ein Signal, mehr Freiheiten zu fordern. Die Protestaktionen führten schließlich dazu, dass der gesamte Ostblock zusammenbrach.

Ende 1991 gründeten elf frühere Sowjetrepubliken in Almaty (heutiges Kasachstan) die **Gemeinschaft unabhängiger Staaten (GUS)**. Russland ist in diesem Staatenbund der größte und mächtigste Staat.

Gorbatschow trat 1991 von seinem Amt zurück. Seine Nachfolger, Boris Jelzin und anschließend Wladimir Putin, übernahmen ein schwieriges Erbe aus Staatsschulden, Wirtschaftsproblemen und Umweltkatastrophen. Bis heute ist ungewiss, wie die politische und wirtschaftliche Entwicklung Russlands und der anderen Nachfolgestaaten der ehemaligen Sowjetunion weiter verläuft.

Aufgaben

1 Der 25.12.1991 hat die Welt verändert. Begründe.

2 Informiere dich im Internet über die Begriffe „Glasnost" und „Perestroika" und schreibe zwei erklärende Texte.

M2 *Der Kreml über der Moskwa*

M3 *Gebiet des früheren Ostblocks und heutige Staaten*

Quelle 1

„Wind of Change" ist der „Jahrhundert-Hit"!

Triumph für den „Soundtrack zur Wiedervereinigung"

Die ZDF-Zuschauer haben nicht nur ihren Jahrhunderthit gewählt, sondern auch ein Zeichen gesetzt: Mit „Wind of Change" von den Scorpions haben die Deutschen das inoffizielle Lied der Wiedervereinigung zu ihrem Favoriten erklärt. Damit trotzen sie demonstrativ dem viel beschworenen Konflikt zwischen Ost- und Westdeutschland.

(Nach Kathrin Hedtke, ZDF-Sendung am 25.11.2005)

Quelle 2

Wind of Change

Autor: Klaus Meine

…
The wind of change
Blows straight into the face of time
Like a stormwind that will ring
The freedom bell for peace
of mind
Let your balalaika sing
What my guitar wants to say

Take me to the magic of the
moment
On a glory night
Where the children of tomorrow
share their dreams
With you and me
…

Aufgaben

3 Äußere deine Meinung, warum die Deutschen 2005 den Song „Wind of Change" zum Jahrhunderthit gewählt haben.

4 a) Beschreibe die Veränderungen in Osteuropa nach dem Zerfall der Sowjetunion (M3).
b) Welche früheren Ostblockstaaten sind inzwischen Mitglieder in der EU (siehe Seiten 120/121)?

Weltpolizist UNO

M1 *Die Flagge der UNO*

M3 *Der Sicherheitsrat der UNO tagt.*

Aufgaben

1 Berichte über die Zusammensetzung und die Aufgaben des Sicherheitsrats der UNO (M3, M4).

2 a) Informiere dich über die Friedensmissionen der UNO (M5, Internet: www.uno.de, www.uno.org, www.bundeswehr.de).
b) An welchen Einsätzen sind Soldaten der deutschen Bundeswehr beteiligt?
c) Berichte über einen Blauhelm-Einsatz (Ort, Gründe, Zahl der UNO-Soldaten, ...).

Eine Idee wird geboren, die UNO gegründet

Noch während des Zweiten Weltkrieges (1939–1945) machten sich der damalige Präsident der USA Franklin D. Roosevelt und der britische Premierminister Winston Churchill Gedanken über eine Organisation, die nach dem Krieg den Weltfrieden sichern konnte. Im Jahr 1945 gründeten die Vereinigten Staaten von Amerika, Großbritannien und weitere 47 Staaten die **UNO** (United Nations Organization; Organisation der Vereinten Nationen).
Heute gehören der UNO 192 Staaten an, das heißt fast alle Länder der Welt. Nur die Länder Taiwan und Sahara sowie die Vatikanstadt sind nicht UNO-Mitglied.

Auszug aus der Charta (Satzung) der UNO, die am 24.10.1945 in Kraft trat

Wir, die Völker der Vereinten Nationen, fest entschlossen künftige Geschlechter vor der Geißel des Krieges zu bewahren, die zweimal zu unseren Lebzeiten unsagbares Leid über die Menschheit gebracht hat, ... und für diese Zwecke unsere Kräfte zu vereinen, um den Weltfrieden und die internationale Sicherheit zu wahren ... haben beschlossen, in unserem Bemühen um die Erreichung dieser Ziele zusammenzuwirken.

M2

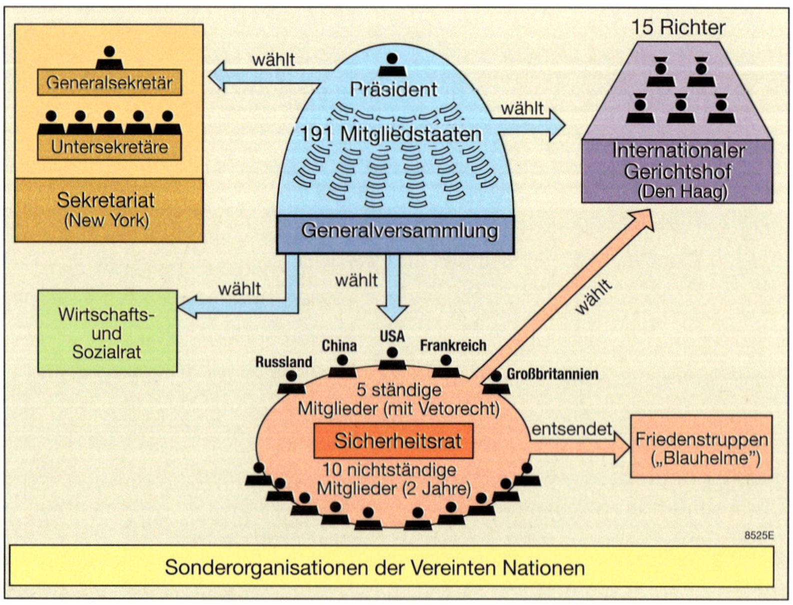

M4 *Aufbau der UNO*

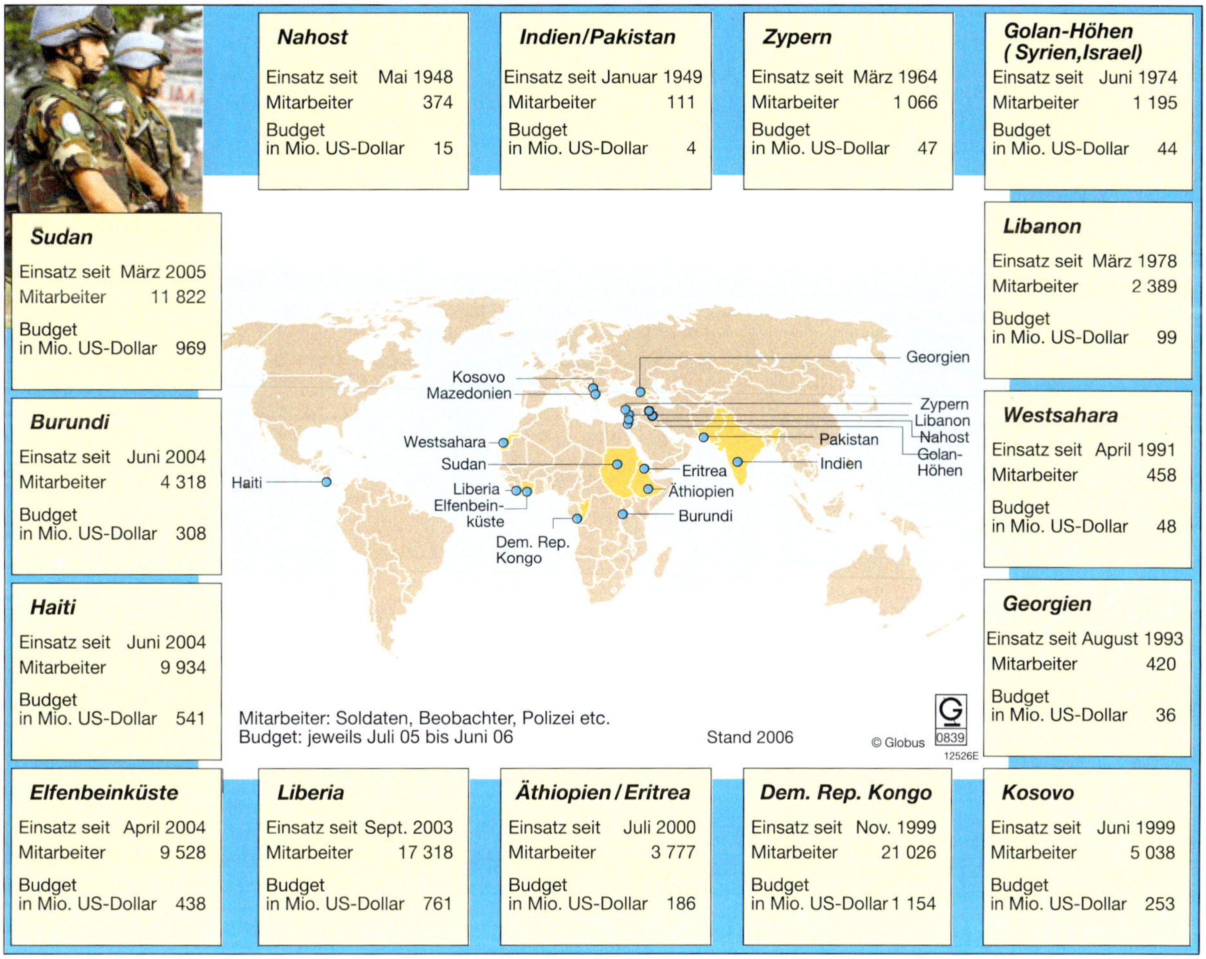

M5 *Blauhelm-Einsätze – UN-Missionen weltweit 2006*

Hauptaufgabe der UNO

Hauptaufgabe ist es, die Welt vor Krieg zu bewahren. Um dieses Ziel zu erreichen, gibt es verschiedene Möglichkeiten:

- Friedenserhaltende Maßnahmen (peace-keeping operations) werden ergriffen, wenn ein Krieg verhindert werden soll. Dann werden zum Beispiel **Blauhelm-Soldaten** eingesetzt.
- Friedenschaffende Maßnahmen (peace-making operations) werden ergriffen, wenn der Frieden entweder akut bedroht ist oder bereits gebrochen wurde.

Die Vereinten Nationen haben seit ihrer Gründung weltweit in rund 60 Konfliktfällen versucht, den Frieden zu bewahren oder wiederherzustellen. Zuständig für den Einsatz der Friedenstruppen und die Überwachung der Friedensmissionen ist der Sicherheitsrat (M3, M4). Da die UNO selbst keine eigene Armee hat, ist sie darauf angewiesen, dass Mitgliedstaaten Soldaten zur Verfügung stellen. Auch deutsche Soldatinnen und Soldaten sind an Friedensmissionen beteiligt.

M6 *Burundi 2006: Blauhelm-Soldaten der UNO im Einsatz*

Der Nahostkonflikt

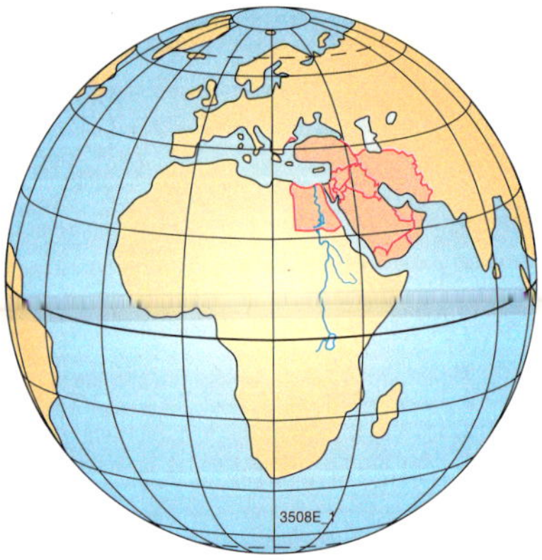

M1 *Länder im Nahen Osten*

Israel und das Palästina-Problem

Das Gebiet des heutigen Staates Israel liegt in Palästina, einer der ältesten Kulturregionen der Erde. Unterschiedliche Völker siedelten in diesem Raum und entwickelten eigene Lebensweisen. Sie gehörten drei **Weltreligionen** an, dem Islam, dem Judentum und dem Christentum. Das Gebiet zwischen dem Mittelmeer und dem Fluss Jordan wird auch als „heiliges Land" bezeichnet.

Palästina war für die Entwicklung und Ausbreitung des Islam von großer Bedeutung. Heute leben hier Israelis und Araber (Palästinenser). Beide Völker leiten aus ihrer Geschichte Rechte auf dieses Land ab. Seit der Gründung Israels 1948 ist der **Nahostkonflikt** eine der großen Aufgaben der Weltpolitik. Bevölkerungsgruppen verschiedener Kulturkreise treffen aufeinander: Juden aus Europa und Amerika, Muslime aus dem Orient oder vom afrikanischen Kontinent und nicht zuletzt die muslimischen und christlichen Bewohner des Landes.

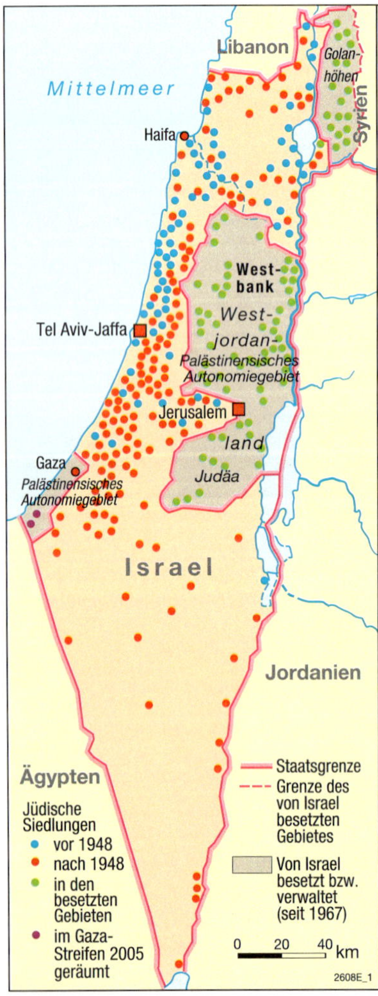

um 1000 v. Chr.
Königreich „Israel", Jerusalem ist die Hauptstadt.

ab 700 v. Chr.
Eroberung Israels durch Assyrer, Babylonier, Griechen und Römer.

um 70 n. Chr.
Aufstände der Juden gegen die Römer; Vertreibung der Juden; Römer nennen das Gebiet Palästina.

um 400
Palästina wird zum Heiligen Land der Christen.

ab 700
Eroberung Palästinas durch die Araber; die Muslime entwickeln sich zur Bevölkerungsmehrheit.

um 1900
Juden in Europa fordern eine jüdische Heimat in Palästina; erste Einwanderungswelle; Gebiet wird britisch verwaltet.

1933–1945
Zweite große Einwanderungswelle, ausgelöst durch die Judenverfolgung in Deutschland und Europa.

1947
UNO beschließt Teilung Palästinas in einen jüdischen und einen arabischen Staat.

1948
Gründung des Staates Israel durch die Juden gegen den erbitterten Widerstand der Araber.

1948/49, 1956, 1967, 1973
Kriegerische Auseinandersetzungen zwischen Israel und seinen arabischen Nachbarstaaten; seitdem Besetzung der Golan-Höhen, der Westbank und des Gaza-Streifens durch Israel.

1993
Israel und die PLO (Palästinensische Befreiungsorganisation) vereinbaren Autonomie des Gaza-Streifens und der Stadt Jericho.

1997
Terroranschläge der Palästinenser und der Ausbau jüdischer Siedlungen im Palästinensergebiet bringen den Friedensprozess zum Erliegen.

2005
Räumung des Gaza-Streifens und Übergabe an die Palästinenser.

M2 *Geschichte Israels*

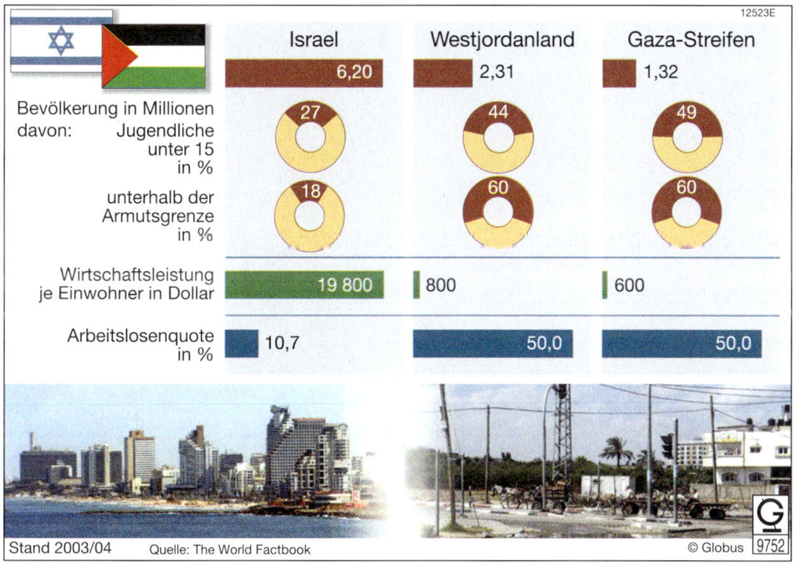

M3 *Unterschiede*

M5 *Ein palästinensischer Vater und sein Sohn in einem israelischen Kugelhagel*

Ein unendlicher Konflikt

Im Nahen Osten gab es in den letzten 50 Jahren immer wieder Konflikte zwischen Israelis und Palästinensern, die oft auch über die regionalen Grenzen hinausgingen. Immer wieder sorgten Terroranschläge mit Opfern auf beiden Seiten für Schlagzeilen in den Medien. Jeder beansprucht das Staatsgebiet für sich. Zwischen Israelis und Palästinensern gibt es große Wohlstandsunterschiede (M3). Trotz vieler UN-Resolutionen und mehrerer beidseitiger Abkommen gibt es noch immer keinen souveränen Staat Palästina.

M4 *Palästinensischer Terroranschlag auf einen israelischen Bus*

Aufgaben

1 Was versteht man unter dem Nahostkonflikt? Erkläre.

2 Zwischen den Israelis und den Palästinensern gibt es ausgeprägte Wohlstandsunterschiede. Begründe mit Hilfe von M3.

3 Informiere dich über die Geschichte des Staates Israel (M2) und der Palästinenser (Internet). Fertige eine Gegenüberstellung an.

4 Schildere detailliert eine Auseinandersetzung zwischen Israel und einem Nachbarstaat: Ursache, Verlauf, Ergebnis (M2, Internet).

Der Nahostkonflikt

Info

Islamischer Fundamentalismus
Es handelt sich um eine gewalttätige Bewegung innerhalb der islamischen Welt, deren Vertreter die Rückkehr zum ursprünglichen Islam und die wörtliche Befolgung der Vorschriften des Korans und des islamischen Gesetzes (Scharia) fordern. Ihr Ziel ist die weltweite Errichtung eines islamistischen Gottesstaates. Er soll mit Gewalt und Terroranschlägen erreicht werden. Die bekanntesten Vertreter sind Al Kaida in Afghanistan, die Hamas im Gazasteifen und die Hisbollah im Libanon

Al Kaida
Al Kaida ist eine Terrororganisation, die von Osama bin Laden 1989 in Afghanistan gegründet wurde. Dort ist die Schaltstelle ihrer terroristischen Aktionen. Das Ziel ist die Bekämpfung der USA und Israels.

Hamas
Die Hamas ist eine Terrororganisation in Palästina. Sie lehnt den Friedensprozess im Nahen Osten ab und ist verantwortlich für Terror-Akte in Israel, im Gazastreifen und im Westjordanland. Seit Januar 2006 bildet sie die Regierung der Palästinenser im Gazastreifen und im Westjordanland.

Hisbollah
Die Hisbollah ist eine politisch-militärische Terrororganisation, die 1982 zum Kampf gegen die israelische Invasion im Libanon gegründet wurde. Ihr Ziel ist die Zerstörung Israels durch Raketenangriffe. Die Hisbollah unterhält soziale Einrichtungen, Schulen und Krankenhäuser und stellt seit 1992 bei Wahlen Abgeordnete im libanesischen Parlament.

M1 *Israelische Angriffe zerstörten ein Haus im Libanon.*

Der Konflikt eskaliert

Am 12. Juli 2006 töten Kämpfer der libanesischen Hisbollah in Nordisrael sieben israelische Soldaten und verschleppen zwei weitere in den Libanon. Israel spricht von einem Kriegsakt und reagiert mit Luftangriffen auf Ziele im Libanon. Der internationale Flughafen in Beirut, die Schnellstraße nach Damaskus und zahlreiche Brücken werden bombardiert. Schon bald sind mehr als eine halbe Million Libanesen in ihrem Land auf der Flucht. Die Hisbollah aus dem Libanon setzen Raketen ein, die Ziele bis zu 75 Kilometer im Landesinneren von Israel treffen (M3). Weiterhin drohen sie mit Marschflugkörpern, die auch die Millionenstadt Tel Aviv erreichen können.

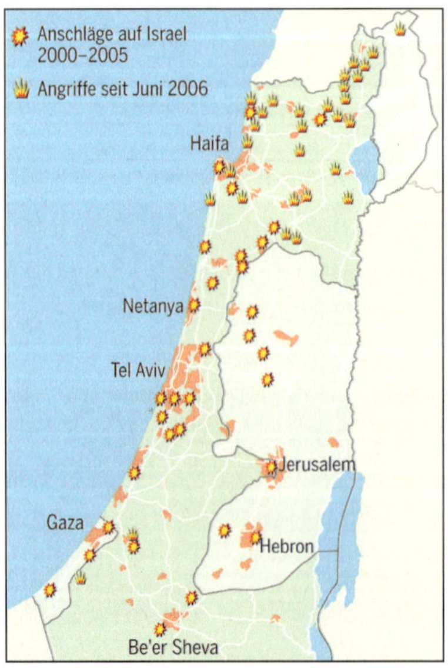

M2 *Terroranschläge*

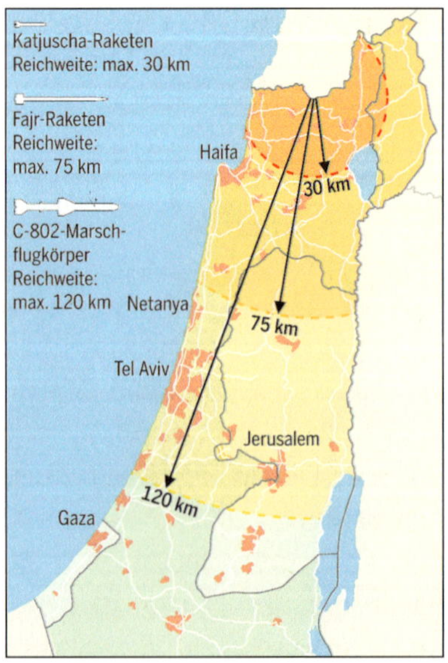

M3 *Flugkörper-Reichweiten*

M4 *Palästinensischer Junge zwischen Selbstmordattentätern*

M5 *Schutzwall um das Westjordanland*

Was sind die Hauptkonfliktpunkte?

Die Palästinenser fordern von Israel ein Ende der Besetzung des Westjordanlandes und den Abzug der rund 245 000 Israelis, die dort in illegalen Siedlungen auf palästinensischem Land leben. Weiterhin fordern sie die Rückgabe Ost-Jerusalems, das Israel 1967 besetzt und 1980 annektiert hat.

Syrien fordert die Rückgabe der Golanhöhen, die die israelische Armee 1967 erobert hat. Israel hat den Höhenzug 1981 annektiert und 17 000 seiner Bürger dort angesiedelt. Der Konflikt ist auch ein Kampf ums Wasser. Auf den Golanhöhen entspringen die Quellflüsse des Jordan. Israel bezieht ein Drittel seines Wassers von dort.

Selbstmordattentäter

Selbstmordattentäter aus dem Nahen Osten kommen meist aus armen Verhältnissen und werden dort von Terroristengruppen geschult. Ihre Familien werden finanziell unterstützt. Die Attentäter erhalten durch ihr Handeln ein besonderes Ansehen, das sie vorher nicht kannten. Andere Attentäter sind in westlichen Ländern aufgewachsen oder haben diese durch Studienaufenthalte kennen gelernt. Durch ihre streng religiöse Erziehung kommen sie mit der liberalen westlichen Lebenskultur nicht zurecht. Sie entwickeln einen Hass auf diese Kultur, nehmen ein Angebot zur militärischen Ausbildung in terroristischen Ausbildungslagern an und schlagen dann zu. Der US-Kongress schätzt die Zahl der Terroristen, die in Lagern der Al Kaida in Afghanistan, Sudan und Jemen ausgebildet werden, auf 70 000 bis 120 000. In Israel schützt man sich mit Sperranlagen und mit bis zu acht Meter hohen Mauern gegen Sprengstoffanschläge von Selbstmordattentätern.

Aufgaben

1 Erläutere die Hauptkonfliktpunkte, den Ausbruch, den Verlauf und die Beendigung des Konflikts von 2006 zwischen Israel und dem Libanon (Texte, M1–M5).

2 Informiere dich über den aktuellen Stand des Nahostkonflikts (Internet) und schreibe einen erklärenden Text.

3 Wodurch versucht Israel, sich gegen Sprengstoffanschläge durch Selbstmordattentäter zu schützen (Text, M5)?

4 Schreibe Ursachen für die Entstehung terroristischer Aktivitäten auf.

5 Der Terror hat inzwischen auch Deutschland erreicht. Berichte über die aktuelle Situation (Internet).

M1 *Der Internationale Gerichtshof (IGH) in Den Haag mit 15 auf neun Jahre gewählten Richtern. Die Wahl erfolgt von der UN-Generalversammlung und dem UN-Sicherheitsrat. Alle UN-Mitgliedsstaaten akzeptieren die Zuständigkeit des IGH in Streit- und Gutachterverfahren.*

Die Entwicklung der Menschenrechte

Jeder Mensch hat das Recht auf Leben, auf körperliche Unversehrtheit, auf Entfaltung der Persönlichkeit, auf Gleichheit vor dem Gesetz, auf Glaubens-, Gewissens- und Bekenntnisfreiheit und auf freie Meinungsäußerung. Diese Rechte gelten unabhängig von seiner Stellung in der Gesellschaft und ungeachtet seiner Religion, Sprache, Hautfarbe oder Weltanschauung.

Die **Menschenrechte** sind in der Menschenrechtserklärung der Vereinten Nationen von 1948 international garantiert und seit 1949 im Grundgesetz der Bundesrepublik Deutschland (Artikel 1–19) verankert.

Dahin führte ein langer Weg von Gesetzen in verschiedenen Ländern: 1215 Magna Charta in England (Gewährung von Rechten für den Adel gegenüber der Krone), 1776 Unabhängigkeitserklärung der USA (freiheitliche Verfassung mit Gewaltenteilung), 1789 Erklärung der Menschenrechte in Frankreich.

Seit 2006 gibt es den Menschenrechtsrat der UNO. Er kann mit absoluter Mehrheit die Entsendung von Beobachtern zur Überwachung der Menschenrechtssituation in einem Mitgliedstaat beschließen. Jedoch gehören ihm nur 47 Mitgliedstaaten an.

Die weltweite Diskussion über die Menschenrechte hat zu zahlreichen Vorschlägen für die Erweiterung des Katalogs der Menschenrechte geführt. Darunter sind besonders das Recht auf eine saubere Umwelt, das Recht auf Frieden und – im Hinblick auf den Reichtum der hoch industrialisierten Länder einerseits und das Elend in den armen Ländern andererseits – das Recht auf Entwicklung zu nennen.

Quelle 1

Aus der Erklärung der Menschenrechte der UNO 1948

Art. 1 Alle Menschen sind frei und gleich an Würde und Rechten geboren. Sie sind mit Vernunft und Gewissen begabt und sollen einander im Geiste der Brüderlichkeit begegnen.

Art. 3 Jeder Mensch hat das Recht auf Leben, Freiheit und Sicherheit der Person.

Art. 5 Niemand darf der Folter oder grausamer, unmenschlicher oder erniedrigender Behandlung oder Strafe unterworfen werden.

(Aus der allgemeinen Erklärung der Menschenrechte, beschlossen auf der UN-Generalversammlung am 10.12.1948)

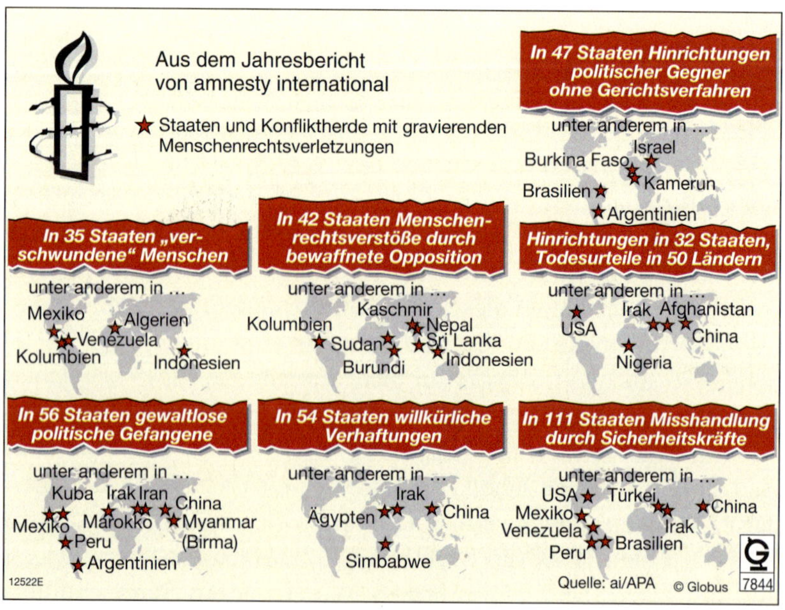

M2 *Menschenrechtsverletzungen weltweit*

Quelle 2

Relativierung des Folterverbots auch in Deutschland?
Die unbedingte Geltung des Folterverbots wird zunehmend auch in demokratischen Gesellschaften wie Deutschland in Frage gestellt. Argumente für eine Aufweichung des Folterverbots können in der deutschen Öffentlichkeit durchaus starke Resonanz finden. Das hat die Diskussion um das Verhalten des früheren Vizepräsidenten der Frankfurter Polizei, Wolfgang Daschner, gezeigt. Dieser hatte im Herbst 2002 einem Kindesentführer Folter angedroht, um ihm Informationen über das Versteck des (wie sich herausstellen sollte: damals bereits ermordeten) Kindes abzuzwingen. Politiker äußerten spontan Verständnis oder Zustimmung für das Vorgehen Daschners. Noch deutlichere Töne waren in zahlreichen Leserbriefen zu vernehmen. Der Strafprozess gegen Daschner endete im Dezember 2004 mit einem milden Urteil, nämlich einer Verwarnung mit Strafvorbehalt, bekräftige zugleich aber das absolute Folterverbot.

(Nach Heiner Bielefeld: Zur Unvereinbarkeit von Folter und Rechtsstaatlichkeit. In: Bundeszentrale für politische Bildung: Aus Politik und Zeitgeschichte. Bonn, 4. September 2006, S. 3–4)

Menschenrechte werden verletzt

Die Veröffentlichungen von Menschenrechtsorganisationen wie „amnesty international“ zeigen, wie wichtig die Diskussion über die Einhaltung der Menschenrechte ist. Sie bemühen sich unter anderem darum, das Verschwinden von Menschen, politisch begründete, willkürlichen Verhaftungen und Hinrichtungen sowie Folterungen aufzudecken und religiöse Intoleranz, Rassismus, Fremdenfeindlichkeit, Rassendiskriminierung und die Diskriminierung der Frau anzuprangern.

M3 *US-Gefangenenlager Guantanamo Bay auf Kuba*

Quelle 3

Absolutes Folterverbot?
Nach den Terroranschlägen vom 11. September 2001 in New York meinen einige Staaten, an einem „Tabu“ des Rechtsstaates rütteln zu müssen: dem absoluten Folterverbot. Bislang sind die Bürgerinnen und Bürger per Gesetz vor der Gewalt des Staates geschützt. Das ändert sich angesichts der Bedrohung durch den internationalen Terrorismus. Das von den USA betriebene Gefangenenlager Guantanamo Bay auf Kuba ist zum Symbol für die Rechtlosigkeit von unter Terrorismusverdacht stehenden Gefangnen geworden. Für sie sollten als „illegale feindliche Kämpfer“ die Menschenrechte nicht gelten. Inzwischen dringen die Gerichte in den USA zunehmend auf die Einhaltung der Rechtsstaatlichkeit.

(Nach Ludwig Watzal. In: Bundeszentrale für politische Bildung: Aus Politik und Zeitgeschichte. Bonn, 4. September 2006, S. 2)

Aufgaben

1 Informiere dich über die Entwicklung der Menschenrechte (Text, Internet) und erstelle eine Tabelle mit den einzelnen Stationen.

2 a) Liste die Staaten auf, in denen die meisten Menschenrechtsverletzungen festgestellt wurden (M2).
b) Informiere dich im Internet über die jüngste Entwicklung in einem Staat mit Menschenrechtsverletzungen und beschreibe sie.

3 Darf Folter angewendet werden, um möglicherweise Menschenleben zu retten? Diskutiert diese Frage (Quellen 2 und 3).

Friedens- und Zukunftssicherung

1. Entspannungspolitik

Die Abbildungen weisen auf entscheidende Veränderungen in Europa hin. Erläutere.

2. Die UNO

a) Schreibe einen kurzen Bericht zur Gründung der UNO.

b) Hauptaufgabe der UNO ist es, die Welt vor Krieg zu bewahren. Erkläre, mit welchen Möglichkeiten die UNO dieses Ziel erreichen kann.

3. Menschenrechte

a) Erkläre, was man generell unter Menschenrechten versteht.
b) Notiere, welche Rechte im Einzelnen zu den Menschenrechten gehören.
c) Nenne aktuelle Ereignisse, die Menschenrechtsverletzungen zeigen.
d) Welche Organisation weist auf Menschenrechtsverletzungen hin?

4. Der Nahostkonflikt

a) Erkläre, was man unter dem „Nahostkonflikt“ versteht.
b) Erläutere die Hauptkonfliktpunkte.

5. Die Wende

Schreibe einen Bericht zum Wandel in der Sowjetunion unter Präsident Michail Gorbatschow. Verwende und erkläre darin die Begriffe „Glasnost“ und „Perestroika“.

Krieg und Frieden auf der Erde

Weltweit gibt es etwa 30 Gebiete auf der Erde, in denen kriegerische Auseinandersetzungen stattfinden. In vielen dieser Krisengebiete werden Kinder und Jugendliche als Kindersoldaten eingesetzt, davon die meisten in Afrika.

Ost-West-Konflikt, Welt im Wandel

Seit Ende der 1940er Jahre betrieben der östliche und westliche Machtblock eine starke militärische Aufrüstung. Es war die Zeit des Kalten Krieges. Im Ost-West-Konflikt standen sich NATO und Warschauer Pakt gegenüber.
In den 1970er Jahren kam es zur Entspannung in Europa. Die Schlussakte der KSZE von Helsinki und die nachfolgenden Gespräche in der OSZE bestärkten die Oppositionsgruppen in Osteuropa in ihrer Arbeit und führten schließlich zu politischen Reformen. Kommunistische Regierungen wurden von demokratisch gewählten Regierungen abgelöst. Die Sowjetunion löste sich auf. In der 1991 gegründeten Gemeinschaft Unabhängiger Staaten (GUS) ist Russland der größte und mächtigste Staat.

Weltpolizist UNO

1945 wurde die UNO gegründet. Ihre Hauptaufgabe ist es, die Welt vor Krieg zu bewahren. Blauhelm-Soldaten werden mit friedenschaffenden Maßnahmen beauftragt. Zuständig für den Einsatz der Friedenstruppen ist der Sicherheitsrat. Dic UNO hat keine eigene Armee. Mitgliedstaaten stellen Soldaten zur Verfügung.

Der Nahostkonflikt

Seit der Gründung des Staates Israel im Jahr 1948 ist der Nahostkonflikt eine der großen Aufgaben der Weltpolitik. Immer wieder kommt es zu Konflikten zwischen Israel und den Palästinensern. Beide Seiten beanspruchen das Staatsgebiet für sich. Im Jahr 2006 führten Kämpfe zwischen Israel und dem Libanon zu großen Zerstörungen auf beiden Seiten. Gegen Selbstmordattentäter schützt sich Israel durch Schutzwälle.

Menschenrechte heute

Die Idee der Menschenrechte stammt aus dem 18. Jahrhundert. Im Grundgesetz der Bundesrepublik Deutschland von 1949 sind sie in den Grundrechten (Art. 1–19) verankert. Die Menschenrechte stehen jeder Person unabhängig von Sprache, Hautfarbe oder Weltanschauung zu, zum Beispiel das Recht auf Unversehrtheit.

Grundbegriffe
- Warschauer Pakt
- NATO
- Kalter Krieg
- Konferenz für Sicherheit und Zusammenarbeit in Europa (KSZE)
- Organisation für Sicherheit und Zusammenarbeit in Europa (OSZE)
- Gemeinschaft unabhängiger Staaten (GUS)
- UNO
- Blauhelm-Soldat
- Weltreligion
- Nahostkonflikt
- Menschenrechte

Arbeitsmethoden – kurz und knapp

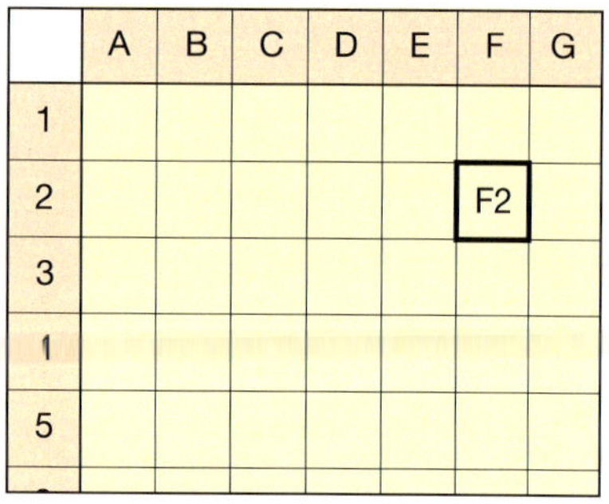

Einen Stadtplan lesen

Ein Stadtplan hilft, sich in einer Stadt zurechtzufinden.

1. Er ist in Planquadrate unterteilt und enthält ein Register mit einem Verzeichnis aller Straßen und Plätze.
2. Suche mit Hilfe des Registers und der Planquadrate deinen Standort und das Ziel (Straße, öffentliches Gebäude), das du erreichen möchtest.
3. Richte den Stadtplan nach den Himmelsrichtungen aus und gehe zu deinem Ziel.

Den Maßstab nutzen

Ein Maßstab hilft, Entfernungen auf einer Karte abzulesen.

1. Zeichne die Maßstabsleiste einer Karte genau ab und verlängere sie stark.
2. Miss die Strecke, deren Länge du ermitteln willst, mit dem Lineal.
3. Lege das Lineal an die gezeichnete Maßstabsleiste und lies die Entfernung ab.

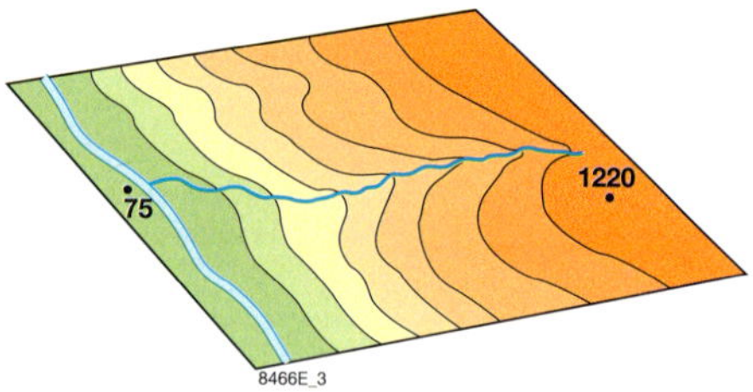

Physische Karten lesen

Physische Karten zeigen die Oberflächenformen der Landschaft, die Lage von Städten, den Verlauf von Flüssen und einiges mehr.

1. Die Oberflächenformen werden in den Farben Grün, Gelb, Braun dargestellt.
2. Städte werden mit weißen und roten Punkten sowie mit roten Vierecken dargestellt.
3. Flüsse werden als blaue Linien gezeichnet.
4. Außerdem sind Verkehrseinrichtungen und Grenzen eingetragen.

E
East London 87, C 5
Ebbe 10, E 2
Eberswalde-Finow 22, J 4
Ebro 70, C 3
Ebschloh 11, F 3
Ebsdorfergrund 11, G 3
Ecatepec 132, C 4
Ech-Chéliff 70, D 5
Echzell 11, G 4
Eckernförde 22, E 2
Ecrins 68, C 5

Mit dem Atlas arbeiten

Ein Atlas ist eine Sammlung von Karten aus aller Welt.

1. Er enthält physische und thematische Karten sowie ein Inhaltsverzeichnis und ein Register.
2. Thematische Karten behandeln ein bestimmtes Thema
3. In der Legende werden die verschiedenen Signaturen und Flächenfarben erklärt.
4. Mit dem Register ist jeder Ort im Atlas zu finden.
5. Mit dem Inhaltsverzeichnis sind die thematischen Karten zu finden.

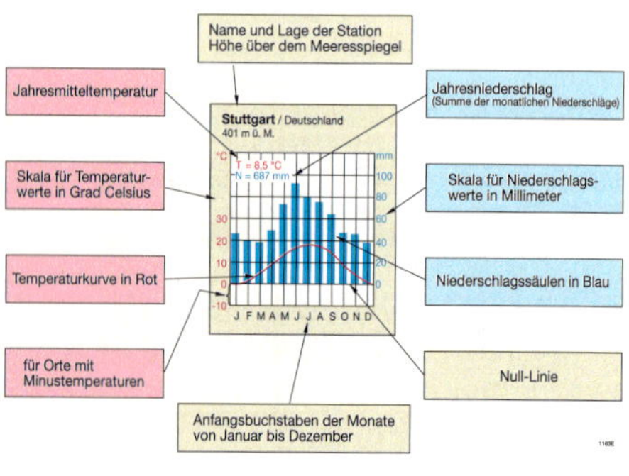

Ein Klimadiagramm auswerten

Ein Klimadiagramm enthält die Temperaturkurve und die Niederschlagssäulen einer Klimastation.

1. Stelle die Lage der Klimastation fest (Staat, Höhenlage).
2. Wie hoch sind die Temperaturen im Jahresverlauf?
3. Welcher Monat ist der wärmste/kälteste?
4. Wie hoch sind die Niederschläge im Jahresverlauf?
5. In welchen Monaten fallen die meisten/die wenigsten Niederschläge?

Eine Tabelle auswerten

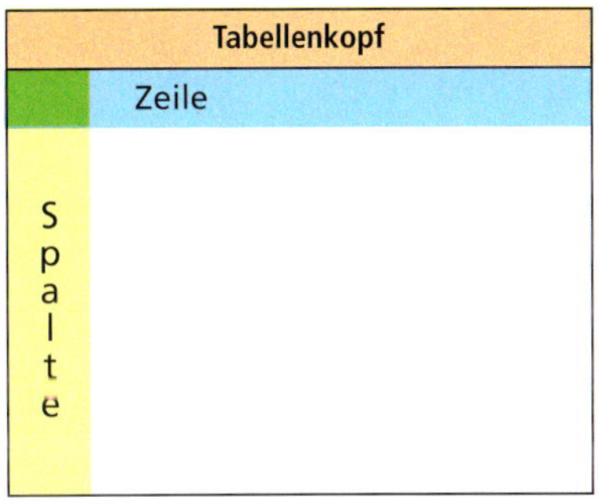

Eine Tabelle enthält viele Zahlen. Sie sind oft schwer zu verstehen.

1. Nenne das Thema der Tabelle. Tabellenkopf und Unterschrift helfen.
2. Werte die Zeilen aus. Lies von links nach rechts. Beginne mit der obersten Zeile.
3. Werte die Spalten aus. Lies von oben nach unten. Lies jede Spalte für sich. Was sagen die Zahlen aus?
4. Fasse die Ergebnisse zusammen.

Eine geschichtliche Textquelle auswerten

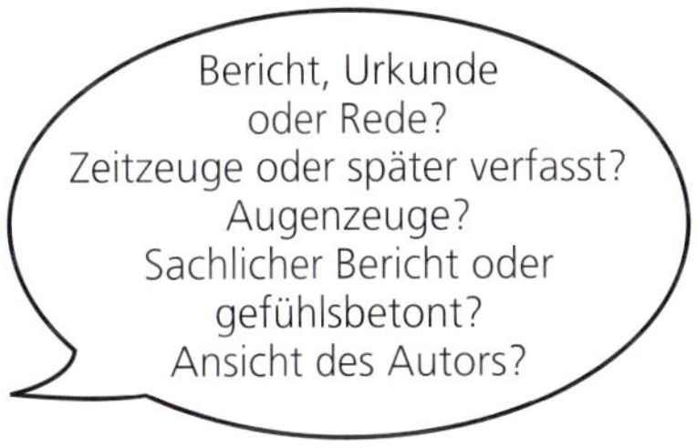

Eine geschichtliche Quelle informiert über die Vergangenheit. Die wichtigsten Quellen sind Texte.

1. Quelle sorgfältig durchlesen.
2. Unbekannte Wörter herausschreiben, nachschlagen, erklären.
3. Quelle nochmals durchlesen und die nebenstehenden Fragen beantworten.

Ein Rollenspiel durchführen

1. Vorbereitung: Entscheiden, welches Problem/Thema dargestellt werden soll. Spieler- und Beobachtungsgruppe bilden. Spielergruppen bereiten sich auf ihre Rollen vor. Beobachtungsgruppe entscheidet, worauf sie achten will (Art: sachlich, witzig, langweilig, überzeugend; Inhalt: glaubwürdig, klar, verworren, nichtssagend).
2. Durchführung: Vorspielen, Notizen der Beobachtungsgruppe.
3. Auswertung: Verlauf erörtern, Bewertung der Argumente.

Einen Text auswerten

1. Text aufmerksam lesen; unbekannte Wörter nachschlagen.
2. Text in sinnvolle Abschnitte gliedern; für jeden Abschnitt eine Zwischenüberschrift aufschreiben.
3. Aus jedem Abschnitt einige wichtige Begriffe herausschreiben. Dies sind die Schlüsselwörter.
4. Text mit Hilfe der Zwischenüberschriften und Schlüsselwörter zu einer Inhaltsangabe zusammenfassen.
5. Überlegen, welche Absicht die Autorin/der Autor verfolgt.

Eine Karikatur auswerten

Eine Karikatur ist eine Zeichnung, in der ein Sachverhalt übertrieben dargestellt wird. Sie wird benutzt, um auf bestimmte gesellschaftliche Sachverhalte aufmerksam zu machen. Die gezeichneten Personen und Gegenstände müssen in die Wirklichkeit übertragen werden.

1. Die dargestellte Situation beschreiben.
2. Erklären, was die Personen und Gegenstände darstellen sollen.
3. Die Kernaussage der Karikatur zusammenfassen.

Das Internet nutzen

Das Internet ist ein weltweiter Zusammenschluss von Computer-Netzwerken. Suchmaschinen helfen, Informationen zu gewinnen.

1. Zeit ist Geld: Online-Zeit erfassen.
2. Suchbegriff eingeben.
3. Keine Angst vor vielen Treffern; Die besten Treffer werden zuerst angezeigt.
4. Suche verfeinern: Mit Verbindungswörtern zwei Suchbegriffe verknüpfen.
5. Ergebnisse speichern: Die gefundenen Ergebnisse auf Festplatte oder USB-Stick speichern und später lesen und verarbeiten.

Ein Lernplakat erstellen

Auf einem Lernplakat stehen die wichtigsten Inhalte eines Themas.

1. Überblick über das Thema verschaffen (Schulbuch, Heft/Mappe).
2. Themenbezogene Stichwörter oder kurze Sätze auf Papierstreifen schreiben.
3. Thema in Teilthemen gliedern; Papierstreifen, die inhaltlich zueinander passen, zuordnen.
4. Jedem Teilthema eine passende Überschrift geben.
5. Themen auf einem Karton übersichtlich und sinnvoll anordnen. Dann Papierstreifen festkleben.
6. Plakat im Klassenzimmer aufhängen.

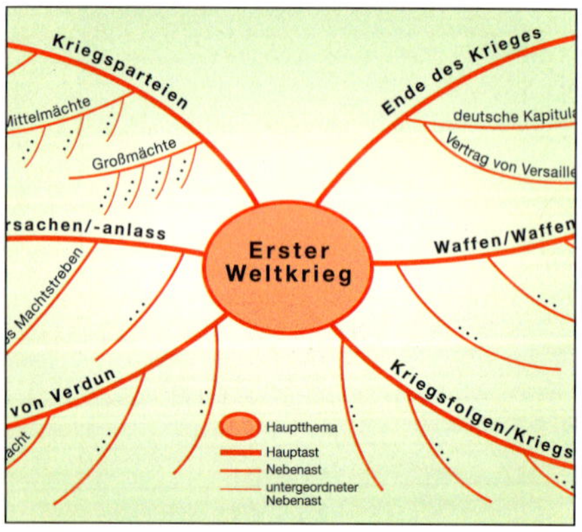

Eine Mindmap erstellen

Eine Mindmap hilft, Gedanken und Wissen über ein umfangreiches Thema zu gliedern.

1. Hauptthema in die Mitte eines Blattes schreiben und umkreisen.
2. Von dort aus Hauptäste zeichnen und mit Schlüsselwörtern beschriften.
3. Von den Hauptästen dünnere Nebenäste als Abzweigungen einzeichnen und mit untergliedernden Schlüsselwörtern beschriften.
4. Bei Bedarf können weitere Nebenäste gezeichnet werden.

Am Ende bildet jeder Hauptast mit seinen Nebenästen ein geschlossenes Teilthema.

Ein Länderprofil erstellen

Ein Länderprofil gibt einen Überblick über ein Land und stellt besondere Kennzeichen heraus. Mögliche Gliederung: Naturraum, Wirtschaft, Bevölkerung, Verkehr, Kultur, Geschichte und Politik, Besonderheiten.

1. Materialbeschaffung: Bücher, Reiseführer, Zeitungen, Internet.
2. Materialauswertung: Mit dem Atlas arbeiten, Lage des Landes beschreiben, Faustskizze anfertigen, wichtige Städte, Flüsse, Bodenschätze eintragen; Material nach Themen sortieren; Wichtiges veranschaulichen.
3. Ergebnispräsentation: Wandzeitung, Mappe, Referat.

Einen Film auswerten

Bei der Betrachtung des Films Stichwörter im Telegrammstil zu folgende Fragen aufschreiben:

1. Worum geht es? Was fällt auf? Was ist nicht verständlich?
2. Mit Hilfe der Notizen eine Inhaltsangabe des Films schreiben; dabei unbekannte Wörter und Fachbegriffe im Lexikon nachschlagen; Inhalt in der gleichen Abfolge wie im Film wiedergeben; Text durch Zwischenüberschriften gliedern.
3. Kernaussage des Films in Merksätzen zusammenfassen.
4. Falls möglich, den Film ein zweites Mal anschauen und die Kernaussage an Hand einzelner Filmausschnitte überprüfen.

Zeitzeugen befragen

Zeitzeugen sind Menschen, die ein geschichtliches Ereignis selbst miterlebt haben. Durch eine Befragung kann Geschichte der jüngsten Vergangenheit sehr lebendig werden.

1. Auswahl: Familie, Bekannte, Verein oder andere Organisation.
2. Einladung: Höflichen Einladungstext schreiben oder anrufen.
3. Fragen: Fragen zusammenstellen, die nur der Zeitzeuge beantworten kann und die interessieren. Keine Ja-Nein-Fragen.
4. Befragung: Kassettenrekorder oder Notizblock, um Gedanken des Zeitzeugen festzuhalten; geduldig zuhören.
5. Dokumentation: Schaubild mit Antworten zu den Fragen.

Ein Referat anfertigen

Ein Referat ist eine schriftliche Abhandlung oder ein mündlicher Vortrag über ein bestimmtes Thema.

1. Annährung an das Thema: Schlüsselwörter heraussuchen.
2. Materialbeschaffung und Auswertung: Bücher, Atlas, Lexika, Zeitschriften, Internet; Materialien durchschauen und nach Themen sortieren; Fremdwörter, Fachbegriffe aufschreiben; pro Thema Blatt mit Stichwörtern anlegen; Gliederung mit Unterpunkten entwickeln; Beispiele zu jedem Teilthema suchen.
3. Schreiben des Referats: Zusammenhängenden Text schreiben; Abbildungen, Beispiele und Zitate einfügen.

Präsentieren mit Power-Point

1. Öffnen des Programms: Programm starten, Option *„leere Präsentation"* wählen und mit *„OK"* bestätigen.
2. Folien erstellen: Titelfolie anlegen. Aus *„AutoLayout"*-Fenster Vorlage wählen und mit *„OK"* bestätigen. Mit der Maus ins Textfeld klicken und Text einfügen. Zur Erstellung weiterer Folien im Menü *„Einfügen"* die Option *„neue Folie"* wählen.
3. Speichern: Auf *„Datei"* und dann auf *„Speichern unter"* gehen, Dateinamen und Speicherort festlegen und *„Speichern"*.
4. Starten der Präsentation: In der Menü-Leiste „Bildschirmpräsentation" die Option *„Bildschirmpräsentation vorführen"* wählen.

Agenda 21 (Seite 94)
Willenserklärung von Regierungsvertretern aus 178 Staaten der Erde aus dem Jahr 1992, mit dem Ziel, die wirtschaftlichen und sozialen Bedingungen der Menschen zu verbessern sowie Natur und Umwelt zu schützen und damit zugleich auch die Lebensgrundlage aller Menschen langfristig zu sichern.

Agroforstwirtschaft (Seite 115)
Eine an den tropischen Regenwald angepasste Wirtschaftsweise, die Feldfrüchte und Baumkulturen kombiniert und nutzt. Sie dient der Bodenerhaltung und der Bodenverbesserung.

AIDS (Seite 70)
Das Kunstwort, das aus den Anfangsbuchstaben der englischen Bezeichnung „acquired immune deficiency syndrome" gebildet wurde, bezeichnet eine Krankheit, die zu einer Störung oder gar zum Zusammenbruch der körpereigenen Abwehrkräfte führt. Im Ansteckungsfall (u. a. durch Blut, Sperma, Scheidensekret) treten die ersten Krankheitsanzeichen frühestens nach ein bis zwei Jahren auf. Völlig gesund aussehende Personen können den tödlichen Virus übertragen, insbesondere beim ungeschützten Geschlechtsverkehr.

Aktivraum (Seite 124)
Ein Aktivraum ist ein Gebiet mit hoher wirtschaftlicher Leistung. Es ist ein Zuwanderungsgebiet. Menschen ziehen hierher, weil in modernen Industrien gut bezahlte Arbeitsplätze angeboten werden. Anspruchsvolle Dienstleistungsberufe wie z. B. Rechtsanwälte oder Architekten sind häufig vertreten. Der Lebensstandard der Bevölkerung ist höher als in anderen Gebieten.

Alliierte (Seite 20)
Allgemein: Verbündete; im engeren Sinn: die im Ersten und Zweiten Weltkrieg verbündeten Staaten. Im Ersten Weltkrieg zählten zu den Alliierten Großbritannien, Frankreich, Italien, Russland und die USA, die sich zum Krieg gegen Deutschland, Österreich-Ungarn u. a. verbündet hatten. Im Zweiten Weltkrieg waren die Alliierten die Kriegsgegner Deutschlands. Dazu gehörten u. a. Großbritannien, die Sowjetunion, Frankreich und die USA.

Asylrecht (Seite 56)
Asylrecht ist das Recht auf Schutz vor politisch motivierter Verfolgung. Das deutsche → Grundgesetz gewährt politisch Verfolgten unter bestimmten Voraussetzungen einen gerichtlich durchsetzbaren Anspruch auf Asyl (Artikel 16 a, Absatz 1). Politisch Verfolgter ist jeder, der wegen seiner Rasse, Religion, Nationalität, Zugehörigkeit zu einer sozialen Gruppe oder wegen seiner politischen Überzeugung verfolgt und bedroht wird.

Auslandsinvestition (Seite 86)
Unternehmen investieren im Ausland, indem sie z. B. ein Zweigwerk errichten. Dadurch produzieren sie kostengünstiger, unter anderem wegen geringerer Lohnkosten, und gewinnen neue Absatzmärkte.

Berlinblockade (Seite 21)
Von der sowjetischen Besatzungsmacht verhängte Blockade Westberlins durch Sperrung aller Zufahrtswege am 24.06.1948. Dieser Versuch der UdSSR, ganz Berlin unter ihre Kontrolle zu bringen, scheiterte am Widerstand der Westmächte.
Sie versorgten Westberlin über eine → Luftbrücke, sodass die sowjetische Regierung die Blockade am 12.05.1049 abbrach.

Besatzungszone (Seite 20)
Deutschland wurde 1945 von den → Alliierten in eine amerikanische, französische, britische und sowjetische Besatzungszone aufgeteilt. Jede Siegermacht regierte in ihrer Zone. Berlin lag im sowjetischen Sektor, wurde aber auch in vier Sektoren aufgeteilt, die jeweils von den USA, Frankreich, Großbritannien und der Sowjetunion verwaltet wurden.

Bevölkerungsexplosion
(Seite 66)
Bildhafter Ausdruck für das starke Wachstum der Bevölkerung.

Blauhelm-Soldat (Seite 141)
Der Sicherheitsrat der → UNO kann Mitgliedstaaten bitten, Friedenstruppen in Länder zu entsenden, die miteinander Krieg führen. Diese Soldaten tragen eine Uniform mit blauen Helmen und werden deshalb auch Blauhelm-Soldaten genannt.

Bruttoinlandsprodukt (BIP)
(Seiten 62, 124)
Der Wert aller Güter und Dienstleistungen, die innerhalb eines Landes in einem Jahr erzeugt bzw. erbracht werden. Das BIP pro Kopf der Bevölkerung dient zur Bestimmung von Armut und Reichtum in den Ländern der Erde. Es ist ein Durchschnittswert, der nicht berücksichtigt, dass die Lebensverhältnisse innerhalb eines Landes sehr unterschiedlich sein können. Dies ist in vielen → Entwicklungsländern der Fall, wenn ein kleiner Teil der Bevölkerung in großem Reichtum lebt, der größte Teil der Menschen aber sehr arm ist.

Bundesrepublik Deutschland (BRD)
(Seite 24)
Die Bundesrepublik Deutschland ist ein demokratischer sozialer Bundesstaat (Art. 20.1 GG). Nachbarländer der BRD sind Dänemark, Niederlande, Belgien, Luxemburg, Frankreich, Schweiz, Österreich, Tschechien und Polen.

Bürgerinitiative (BI) (Seite 44)
Zusammenschluss von Menschen, die auf eine politische Entscheidung Einfluss nehmen wollen. Dies tun sie durch öffentliche Aktionen (z. B. Protestmärsche, Leserbriefe).

Costa (Seite 72)
Name für die Küstenlandschaft Perus. Sie besteht zum größten Teil aus Wüste und Halbwüste. In Flussoasen wird Landwirtschaft betrieben.
Im intensiven Bewässerungsfeldbau werden u. a. Reis, Zuckerrohr und Baumwolle angebaut.

Deutsche Demokratische Republik (DDR) (Seite 24)
Die DDR wurde am 7. Oktober 1949 auf dem Territorium der bis dahin bestehenden sowjetischen Besatzungszone (SBZ) gegründet. Sie bestand bis zur Wiedervereinigung Deutschlands im Jahr 1990. Das Staatsgebiet betrug 108 333 Quadratkilometer. Hier lebten über 16 Millionen Menschen. Die Hauptstadt war Berlin (Ost).

Digitalisierung (Seite 93)
Spezielle Form der Erfassung, Speicherung und Übertragung von Informationen (zum Beispiel: Bild, Sprache und Musik). Die zur Digitalisierung verwendeten Geräte werden Digitizer genannt. Dazu gehören z. B. Scanner und Digitalkameras.

Direktmandat (Seite 48)
Der Kandidat in einem Wahlkreis, der die meisten Stimmen erhält, bekommt das Direktmandat. Die andere Stimme (→ Zweitstimme) gibt der Wähler der Kandidatenliste einer politischen Partei in seinem Bundesland.

Emissionshandel (Seite 99)
Der Emissionshandel hat zum Ziel, die im → Kyoto-Protokoll festgelegte Verringerung von Treibhausgasen zu beschleunigen. Den Teilnehmern am Emissionshandel wird gestattet, die ihnen zugewiesene Menge an Emissionen entweder selbst aufzubrauchen oder mit Teilen davon zu handeln. Ein Teilnehmer, der sein Kontingent nicht voll ausschöpft, also weniger Schadstoffe ausstößt, als er eigentlich dürfte, kann sein „Emissionsguthaben" an einen anderen Teilnehmer verkaufen.

Entwicklungsland (Seite 62)
Land, das im Vergleich zu einem → Industrieland weniger entwickelt ist. Entwicklungsländer werden auch „Dritte Welt" genannt. Sie weisen typische Merkmale auf, z. B. wenig Industrie, Hunger, geringe Lebenserwartung, ein hohes Bevölkerungswachstum, viele Analphabeten.

Epizentrum (Seite 10)
Das senkrecht über einem Erdbebenherd an der Erdoberfläche gelegene und am stärksten erschütterte Gebiet.

Erdkruste (Seite 9)
Äußere Schale des Erdkörpers. Die kontinentale Kruste weist eine Dicke von 30 bis 50 Kilometern auf, die ozeanische Kruste ist hingegen nur fünf bis zehn Kilometer dick. Beide Krustenabschnitte unterscheiden sich außerdem hinsichtlich ihrer Gesteinszusammensetzung.

Erdmantel (Seite 9)
Zwischen → Erdkruste und Erdkern gelegene Schale des Erdkörpers. Es wird zwischen einem oberen und einem unteren Erdmantel unterschieden.

erneuerbare Energie (Seite 96)
Im Gegensatz zu den nicht erneuerbaren Energien (zum Beispiel aus Kohle, Erdöl, Erdgas), die in einigen Jahrzehnten aufgebraucht sind, können erneuerbare Energien dauerhaft genutzt werden. Dazu zählen die Erdwärme- und die Gezeitenenergie, die Sonnenenergie, die Energie der Wasser- und Windkräfte sowie die u. a. in den Pflanzen enthaltene Bioenergie.

EU-Binnenmarkt (Seite 122)
Ein Binnenmarkt umfasst Angebot und Nachfrage von Waren innerhalb eines Landes. Der EU-B. schafft Bedingungen, als seien alle EU-Länder ein großes Land (z. B. keine Binnenzölle, freie Wahl des Wohn- und Arbeitsplatzes innerhalb der EU).

EU-Osterweiterung (Seite 126)
Am 1. Mai 2004 traten Estland, Lettland, Litauen, Malta, Polen, Slowakei, Slowenien, Tschechien, Ungarn und Zypern der EU bei. Diese Staaten lagen im Osten der bisherigen EU. Daher nennt man diese Erweiterung die EU-Osterweiterung. Die EU besteht damit aus 27 Mitgliedstaaten.

Europäische Union (EU) (Seite 120)
Zusammenschluss von derzeit 27 europäischen Staaten mit dem Ziel der wirtschaftlichen und politischen Vereinigung.

Europäische Wirtschaftsgemeinschaft (EWG) (Seite 119)
Vorläufer der → EU bis 1993.

Flussoase (Seite 72)
Eine Fläche in der Wüste, die von Menschen genutzt werden kann. Sie erhält Wasser durch einen Fluss, der die Wüste durchfließt.

Fraktion (Seite 46)
Eine Fraktion ist die Vereinigung politisch gleich gesinnter Abgeordneter in einem Gemeinderat, einem Landtag oder dem Bundestag. In der Regel gehören die Mitglieder einer Fraktion der gleichen Partei an.

Fürsorgeprinzip (Seite 54)
Das Fürsorgeprinzip ist eines der drei Säulen der sozialen Sicherung in Deutschland. Es greift in Notfällen, wenn → Versicherungs- und → Versorgungsprinzip nicht ausreichen.

Gemeinschaft unabhängiger Staaten (GUS) (Seite 138)
Staatenbund, in dem sich nach dem Zusammenbruch der Sowjetunion 12 der 15 Nachfolgestaaten zusammenschlossen.

Generationenvertrag (Seite 55)
Wer arbeitet, zahlt in die Rentenkasse ein und finanziert so die Renten der heutigen Anspruchsberechtigten. Dabei verlässt er sich darauf, dass die Kinder und Enkelkinder in Zukunft die Einzahler sein werden. Von deren Beiträgen wiederum werden dann die Renten der jetzigen Arbeitnehmer bestritten. So besteht ein Abkommen zwischen Jung und Alt, ein „Vertrag" zwischen den Generationen.

Glasnost (Seite 33)
Glasnost bedeutet „Offenheit".
Der Begriff wurde von Michail Gorbatschow in die politische Diskussion eingeführt. Er umschreibt seine politische Forderung nach mehr Offenheit in der sowjetischen Gesellschaft. Kritik an Missständen war nun erlaubt.

Global Village (Seite 92)
Bezeichnung für eine Welt, in der praktisch jeder Mensch jederzeit mit einem anderen in einem anderen Teil der Erde kommunizieren kann. Durch die weltweite Vernetzung (z. B. durch Telefonkabel, Satelliten) ist die globale Welt im übertragenen Sinn zu einem village (engl.: „Dorf") geworden.

Globalisierung (Seiten 86, 122)
Begriff für die zunehmende weltweite Verflechtung der Wirtschaftsbeziehungen. Diese gibt es bei der Produktion (Firmen produzieren Waren in vielen Ländern der Erde), bei der Beschaffung von Rohstoffen und Halbfertigwaren (Firmen kaufen in vielen Ländern ein) und beim Absatz von Waren (Firmen verkaufen ihre Produkte weltweit).

Grundgesetz (Seite 40)
1949 wurde vom Parlamentarischen Rat eine Verfassung für die Bundesrepublik Deutschland ausgearbeitet. Sie legt die parlamentarische Demokratie als Staatsform und die Grundrechte der Bürger fest.

Grundlagenvertrag (Seite 31)
Vertrag von 1972 zwischen der Bundesrepublik Deutschland und der DDR. Der Vertrag erkannte erstmals die Souveränität der DDR an und trug zur Normalisierung der Beziehungen zwischen den beiden deutschen Staaten bei.

Human Development Index (HDI) (Seite 64)
Methode, nach der die → UNO seit Beginn der neunziger Jahre den Entwicklungsstand der Länder berechnet. Dabei werden die Lebenserwartung, der Anteil der Analphabeten, die durchschnittliche Dauer des Schulbesuchs und das → Bruttoinlandsprodukt berücksichtigt. Endresultat ist eine Rangfolge der Länder der Erde.

Industrieland (Seite 62)
In einem Industrieland sind die Grundbedürfnisse der meisten Menschen erfüllt. Das → Bruttoinlandsprodukt pro Kopf der Bevölkerung ist hoch. Die meisten Menschen arbeiten in der Industrie oder im Dienstleistungsbereich. Im Gegensatz zu den → Entwicklungsländern sind oft weniger als 2 % der Menschen in der Landwirtschaft beschäftigt.

Informationsgesellschaft (Seite 92)
Gesellschaft, in der viele Menschen beruflich und privat auf Informationstechnologien (Telefon, Rundfunk, Fernsehen, Computer, Internet usw.) angewiesen sind.

Informationstechnik (Seite 92)
Industriebereich, der alle Techniken und Geräte für die elektronische Übermittlung, Speicherung und Verarbeitung von Sprache, Text und Bild umfasst. Dazu gehören sowohl die Übertragungsnetze als auch die Endgeräte für Empfang, Versand und Verarbeitung.

Infrastruktur (Seite 13)
Dazu zählen alle Einrichtungen, die zur Entwicklung eines Raumes notwendig sind, wie Verkehrswege, Wasser- und Stromleitungen, Entsorgungsanlagen, Bildungs- und Erholungseinrichtungen, Krankenhäuser.

Innovation (Seite 90)
Neuerung, insbesondere im technologischen Bereich, die z. B. zu höherer Produktivität führen kann und sich meist auch räumlich schnell ausbreitet (z. B. neue Fertigungsmethoden in der Industrie oder Hochleistungssaatgut in der Landwirtschaft)

Kalter Krieg (Seite 134)
Bezeichnung für die machtpolitische und ideologische Auseinandersetzung zwischen den USA und der Sowjetunion nach dem Zweiten Weltkrieg. Er war eingebettet in den globalen Ost-West-Konflikt, in dem sich die Militärblöcke der → NATO und des → Warschauer Pakts gegenüberstanden.

Koalition (Seite 46)
Wenn nach der Wahl keine Partei die absolute Mehrheit hat (über 50 % der Sitze im Parlament), dann schließen sich Parteien zur Regierungsbildung zusammen und gehen so eine Koalition ein.

Konferenz für Sicherheit und Zusammenarbeit in Europa (KSZE) (Seite 136)
1973 entstandene Konferenz, um die Gegensätze zwischen Ost und West abzubauen. Anfangs nahmen 35 Länder teil. Seit 1995 heißt die KSZE → Organisation für Sicherheit und Zusammenarbeit in Europa (OSZE).

Kyoto-Protokoll (Seite 99)
Vereinbarung der Industriestaaten (außer USA und Australien) 1997 auf einer Konferenz in der japanischen Stadt Kyoto mit dem Ziel, den Ausstoß von Treibhausgasen (Kohlenstoffdioxid) bis zum Jahr 2012 weltweit zu senken.

Landflucht (Seite 74)
Der Begriff bezeichnet bildhaft die Abwanderung der Bevölkerung vom Land in die Stadt. Die Menschen ziehen vom Land weg, weil die Arbeits- und Besitzverhältnisse dort schlecht sind. Sie erhoffen sich in der Stadt bessere Lebensbedingungen und Verdienstmöglichkeiten.

Least Developed Country (LDC) (Seite 64)
Gruppe innerhalb der Entwicklungsländer, die laut Beschluss der → UNO am wenigsten entwickelt sind. Die Zuordnung erfolgt unter anderem nach dem → Bruttoinlandsprodukt pro Kopf.

Liberalisierung des Weltmarktes (Seite 88)
Der Abbau von Einschränkungen auf dem Weltmarkt. Dazu gehört, dass zum Beispiel die Einfuhr von Waren aus den → Entwicklungsländern in die → Industrieländer nicht durch Zölle oder Mengenbeschränkungen behindert wird.

Luftbrücke (Seite 21)
1948 verhängte die Sowjetunion eine Blockade (→ Berlinblockade) über Westberlin, um ganz Berlin unter ihre Kontrolle zu bringen. Sie sperrte alle Zufahrtswege zu Wasser und zu Land. Die Westmächte versorgten ihre Berliner Sektoren aus der Luft: Fast ein Jahr lang flogen sie alle lebensnotwendigen Güter wie Lebensmittel, Heizmaterial, Kleidung und Rohstoffe für die Industrie ein. Die Flugzeuge der Luftbrücke wurden von den Berlinern liebevoll „Rosinenbomber“ genannt.

Magma (Seite 9)
Gashaltiger, glutflüssiger Gesteinsbrei im Erdinneren. Sobald er an die Erdoberfläche tritt, nennt man ihn Lava.

Menschenrechte (Seite 146)
Jeder Mensch besitzt lebenslange Rechte, die der Staat zu achten und zu schützen hat. Dazu gehören z. B. das Recht auf Gleichbehandlung vor dem Gesetz, Unversehrtheit, Eigentum, Meinungs- und Glaubensfreiheit. Diese Rechte wurden nach der französischen Revolution in die Verfassung aufgenommen. In Deutschland sind diese Menschenrechte in den Grundrechten des → Grundgesetzes verankert.

Metropole (Seiten 66, 76)
Hauptstadt und zugleich politischer und wirtschaftlicher Mittelpunkt eines Landes mit vielfältigem Warenangebot, Dienstleistungen und zahlreichen kulturellen Einrichtungen wie Theatern, Opernhäusern, usw.

Misstrauensvotum (Seite 50)
Mehrheitsbeschluss des Parlaments, der dem Bundeskanzler das Vertrauen entzieht und damit dessen Rücktritt erzwingt. In Deutschland gilt das konstruktive Misstrauensvotum. Damit kann der amtierende Bundeskanzler nur abgewählt werden, wenn gleichzeitig ein neuer Bundeskanzler gewählt wird. Mit der Entlassung endet auch das Amt der Bundesminister.

Montagsdemonstration (Seite 32)
Von September 1989 bis März 1990 kam es jeden Montagabend in Leipzig zu Massendemonstrationen mit bis zu 300 000 Teilnehmern. Die Menschen protestierten gegen die bestehenden Verhältnisse in der DDR. Die Montagsdemonstrationen trugen wesentlich zum Sturz des DDR-Regimes 1989 und zur Herstellung der deutschen Einheit 1990 bei.

Montanunion (Seite 119)
Europäische Gemeinschaft für Kohle und Stahl (EGKS), gegründet 1951 von Deutschland, Frankreich, Belgien, Luxemburg, Italien und den Niederlanden. Daraus entwickelte sich 1957 die → Europäische Wirtschaftsgemeinschaft (EWG) und später die → Europäische Union (EU).

Multimedia (Seite 93)
Multimedia bedeutet, dass Computer mit anderen Geräten wie Fernseher, Video, Radio und Telefon verbunden sind. Voraussetzungen hierfür sind eine moderne Computertechnik und weltweite Leitungsnetze, um Informationen empfangen bzw. austauschen zu können. Ein Beispiel ist das Internet. Weltweit sind bereits über eine Milliarde Nutzer an das Internet angeschlossen.

Nachhaltigkeit (Seite 94)
Nachhaltigkeit ist die deutsche Übersetzung des (englischen) Begriffes „sustainability". Im Rahmen der → Agenda 21 erklärten 178 Staaten „sustainability" zu einem wichtigen Ziel ihrer Entwicklung. Nachhaltig zu leben bedeutet, dass man bei der Deckung seiner Bedürfnisse immer darauf achtet, dass keine Schäden (z. B. ökologische oder wirtschaftliche) entstehen, die zukünftigen Generationen das Leben auf unserem Planeten erschweren.

Nahostkonflikt (Seite 142)
Konflikt zwischen dem Staat Israel und seinen arabischen Nachbarstaaten um die Zuordnung und Abgrenzung einzelner Gebiete.

NATO (Seite 134)
Die NATO (North Atlantic Treaty Organization) wurde 1949 in Washington als militärische Verteidigungsorganisation unter der Führung der Vereinigten Staaten gegründet. Die Vertragspartner sicherten sich gegenseitigen Beistand für den Fall eines militärischen Angriffs auf ein Mitgliedsland zu. Nach dem Ende des Ost-West-Konfliktes wurden die ehemaligen → Warschauer-Pakt-Staaten Polen, Tschechien und Ungarn 1999 NATO-Mitglieder.

Niedriglohnland (Seite 89)
Land mit besonders niedrigem Lohnniveau. In Niedriglohnländern können arbeitsintensive Waren kostengünstiger produziert werden als in den westlichen → Industrieländern mit hohen Arbeitskosten.

Opposition (Seite 46)
Parteien, die nicht regieren und die Regierung kontrollieren, bilden die Opposition.

Organisation für Sicherheit und Zusammenarbeit in Europa (OSZE) (Seite 136)
Die OSZE ist die Nachfolgeorganisation der → Konferenz für Sicherheit und Zusammenarbeit in Europa (KSZE). Mitglieder sind 55 Staaten Europas, Asiens und Nordamerikas. Vertreter der Länder treffen sich regelmäßig in Wien. Ihre Aufgabe ist es, Probleme zwischen Staaten frühzeitig zu erkennen und möglichst friedlich zu lösen.

Ostverträge (Seite 31)
Verträge, die zwischen der Bundesrepublik Deutschland, der Sowjetunion und Polen 1970 geschlossen wurden. Die Oder-Neiße-Linie wurde als Westgrenze Polens anerkannt.

Passivraum (Seite 124)
Ein Passivraum ist ein Gebiet mit geringer wirtschaftlicher Leistung. Vor allem junge Menschen wandern aus Passivräumen ab, weil sie kaum Arbeitsplätze bieten.

Perestroika (Seite 33)
Der Begriff kann mit „Umbau" übersetzt werden. Er wurde für die notwendige Umgestaltung der sowjetischen Politik und Wirtschaft von Michail Gorbatschow in die politische Diskussion eingeführt.

Petitionsausschuss (Seite 44)
Das Wort Petition kommt aus dem Lateinischen und bedeutet Bittschrift, schriftliches Gesuch, Beschwerde. Eine Petition ist ein Gesuch an das Staatsoberhaupt, das Parlament oder eine Behörde. In Deutschland ist das Petitionsrecht im Grundgesetz verankert. Jedermann hat das Recht, sich schriftlich mit Bitten oder Beschwerden an die zuständigen Behörden oder die Volksvertretung zu wenden. Bund und Länder haben Petitionsausschüsse eingerichtet. Sie sollen bei berechtigten Beanstandungen dem Einzelnen schnell und wirksam helfen.

Potsdamer Abkommen (Seite 20)
Nach dem Ende des Zweiten Weltkrieges trafen sich die Regierungschefs der Siegermächte George Truman (USA), Winston Churchill (Großbritannien) und Josef Stalin (UdSSR) in Potsdam. Die Beschlüsse der Konferenz von Potsdam bestimmten die Deutschlandpolitik nach 1945: Einsetzung eines Alliierten Kontrollrates, Entmilitarisierung, Entnazifizierung, Verfolgung von Kriegsverbrechern, Zahlung von Reparationen, Ausweisung von Deutschen aus den Ostgebieten, Aufbau einer Selbstverwaltung Deutschlands unter demokratischen Gesichtspunkten.

Pullfaktor (Seite 77)
Gründe, warum Menschen in Städte abwandern. Sie erhoffen sich Arbeitsplätze, ein besseres Einkommen und Bildungsmöglichkeiten.

Pushfaktor (Seite 77)
Gründe, die dazu führen, dass Menschen aus ländlichen Gebieten in Städte abwandern. Dazu gehören Arbeitslosigkeit und mangelndes Einkommen.

räumliche Disparität (Seite 124)
Unausgeglichenheit der räumlichen Ausstattung von Regionen. Sie zeigt sich in einem unterschiedlichen Angebot an Arbeitsplätzen oder an unterschiedlichen Lebensbedingungen bzw. ungleichen Entwicklungsmöglichkeiten.

Schwellenland (Seite 64)
Ein → Entwicklungsland, das in seiner Entwicklung verhältnismäßig weit fortgeschritten ist. Merkmale sind: hohes Pro-Kopf-Einkommen der Bevölkerung (über 1500 US-$), beträchtlicher Anteil der verarbeitenden Industrie an der Entstehung des → Bruttoinlandsproduktes (20 % und mehr), ein hoher Fertigwarenanteil am Export, ein schnelles Exportwachstum von Industriewaren. Ein gemeinsames negatives Merkmal ist, dass die gesellschaftliche und soziale Entwicklung im Lande mit der wirtschaftlichen nicht Schritt hält. So herrschen kaum demokratische Verhältnisse vor, die Versorgung der Menschen mit Sozialleistungen (z. B. Schulbildung, Gesundheitsbetreuung, Altersversorgung) ist gering entwickelt, und das soziale Gefälle zwischen Stadt und Land ist extrem groß.

Sekundärwald (Seite 110)
So nennt man den Wald, der nach der Abholzung des ursprünglichen Waldes nachwächst. Er ist meist nicht so dicht und besteht oft nur aus wenigen Baumarten.

Selva (Seite 72)
So nennt man das tropische, kaum erschlossene Gebiet im Osten Perus. Indianer haben Teile des tropischen Regenwaldes gerodet und hier u. a. Kaffee-, Kakao- und Bananenpflanzungen angelegt.

Siegermacht (Seite 20)
Siegermächte sind Staaten, die einen Krieg gewonnen haben. So waren zum Beispiel die Sowjetunion, die USA, Großbritannien und Frankreich nach dem Zweiten Weltkrieg die Siegermächte in Europa.

Sierra (Seite 72)
So nennt man die bis zu 6700 m hohe, stark zerklüftete Andenkette, die sich von Norden nach Süden durch Peru zieht. Die Sierra ist reich an Bodenschätzen, für eine landwirtschaftliche Nutzung aber schlecht geeignet. Nur die Täler sind fruchtbar und dicht besiedelt. Die höheren Gebiete werden als Weideflächen für Schafe, Lamas oder Alpacas genutzt.

Slumbildung (Seite 76)
Städtische Wohngebiete mit schlechten baulichen Verhältnissen der Häuser und Häuserblocks werden Slums genannt (engl.: schmutzige Gasse, Elendsviertel). Sie werden oft von Minderheiten und benachteiligten Gruppen bewohnt. Die meisten Grundbedürfnisse der Menschen können hier nicht befriedigt werden. Oft wird die Bezeichnung Slum auch für Hüttensiedlungen vor den Toren der Städte in den Entwicklungsländern benutzt. Wenn diese Siedlungen immer größer werden, spricht man von Slumbildung.

Staatsangehörigkeitsrecht (Seite 57)
Das Staatsangehörigkeitsrecht legt fest, wer die deutsche → Staatsbürgerschaft erhält.

Staatsbürgerschaft (Seite 57)
Staatsbürgerschaft ist die Mitgliedschaft in einem Staat. Dieser legt die Regeln für den Erwerb und Verlust seiner Staatsbürgerschaft sowie die damit verbundenen Rechte und Pflichten in Gesetzen fest. Zu den Rechten gehört beispielsweise das Wahlrecht, zu den Pflichten die Wehrpflicht.

Subduktionszone (Seite 9)
Bereich der Gesteinshülle der Erde, in dem sich eine Erdplattengrenze befindet. Die schwerere ozeanische Platte schiebt sich unter die kontinentale Platte. Dabei wird die ozeanische Platte zu Magma eingeschmolzen. Es entstehen Tiefseegräben und Erdbeben.

Subsistenzwirtschaft (Seite 74)
Wirtschaftsform, die nur der Eigenversorgung dient. Sie ist in den → Entwicklungsländern verbreitet.

Szenario (Seite 94)
In einem Szenario wird ein mögliches Bild von zukünftigen Ereignissen oder Zuständen beschrieben. Für die Voraussage werden vergangene und gegenwärtige Entwicklungen analysiert. Die getroffenen Voraussagen beruhen dabei stärker auf einer Argumentationsreihe als auf mathematischen Berechnungen. Es handelt sich sozusagen um eine Was-wäre-wenn-Prognose. Solche Prognosen sind für Planungsprozesse und politische Entscheidungen unerlässlich. Dank alarmierender Szenarien können beispielsweise rechtzeitig Gegenmaßnahmen getroffen werden.

Tag der Deutschen Einheit (Seiten 26, 35)
Der Tag der Deutschen Einheit ist der 3. Oktober 1990. An diesem Tag traten die Länder der DDR der Bundesrepublik Deutschland bei. Dadurch wurde Deutschland wiedervereinigt. Für das Gebiet der Bundesrepublik löste er in dieser Funktion den 17. Juni ab. Der Tag ist in Deutschland ein gesetzlicher Feiertag.

Terms of Trade (Seite 75)
Verhältnis zwischen den Preisen, die in einem Land für Exportgüter erzielt werden, und den Preisen, die in dem Land für Importgüter gezahlt werden müssen. Dieses Verhältnis ist vor allem für die → Entwicklungsländer sehr schlecht und verschlechtert sich weiter. Für die von ihnen gelieferten Rohstoffe erzielen sie in der Regel nur niedrige Preise, während die importierten Industriegüter teuer bezahlt werden müssen.

Treibhausgas (Seite 98)
Ein Spurengas (z. B. Kohlenstoffdioxid, Methan, Ozon) in der Atmosphäre (insgesamt 0,1% Anteil), das zur Entstehung des Treibhauseffektes beiträgt. Menschen reichern die Atmosphäre mit Treibhausgasen an, z. B. mit Kohlenstoffdioxid durch die Verbrennung von Holz, Kohle und Gas oder mit Methan durch Viehhaltung und Reisanbau.

Tschador (Seite 68)
Ein Tschador ist ein großes, meist dunkles Tuch in Form eines Halbkreises, das von muslimischen Frauen vor allem im Iran als Umhang um Kopf und Körper getragen wird und nur die Augen frei lässt.

Tsunami (Seite 8)
Extrem hohe Welle von großer Energie und Zerstörungskraft an den Küsten (Killerwelle). Er wird am Meeresboden zum Beispiel durch ein Erdbeben ausgelöst.

Überhangmandat (Seite 48)
Hat eine Partei innerhalb eines Bundeslandes mehr → Direktmandate, als ihr nach dem Anteil der → Zweitstimmen zustünden, entstehen Überhangmandate. Durch diese Überhangmandate erhöht sich die Zahl der Abgeordneten im Bundestag.

UNO (Seite 140)
Die UNO (engl. United Nations Organization = Organisation der Vereinten Nationen) wurde im Jahr 1945 gegründet. Sie hat ihren Hauptsitz in New York. 192 von 195 Staaten der Erde sind Mitglied der UNO. Sie setzt sich für den Erhalt des Weltfriedens, die Förderung der Entwicklungszusammenarbeit und die Wahrung der → Menschenrechte ein.

Versicherungsprinzip (Seite 54)
Nach dem in Deutschland geltendem Versicherungsprinzip muss jeder Arbeitnehmer kranken-, renten-, arbeitslosen- und pflegeversichert sein. 50 % der Beiträge zahlt der Arbeitgeber, 50 % der Arbeitnehmer.

Versorgungsprinzip (Seite 54)
Die Garantie des Staates für die zu sorgen, die sich um den Staat verdient machen (z. B. Beamtenversorgung).

Verstädterung (Seite 66)
Zunahme der Stadtbevölkerung gegenüber der Landbevölkerung. Die Verstädterung zeigt sich im Raum dadurch, dass sich Städte vergrößern und ins Umland wachsen, und dass sich Dörfer vergrößern und stadtähnlich werden (weniger Bauernhöfe, mehr Industriebetriebe, Neubausiedlungen).

Vertrauensfrage (Seite 50)
Vor besonders wichtigen politischen Entscheidungen kann der Bundeskanzler an den Bundestag den Antrag richten, ihm das Vertrauen auszusprechen. Fällt die Antwort negativ aus, kann der Bundestag aufgelöst werden. Die Vertrauensfrage ist daher in gewissem Sinn ein Machtinstrument des Bundeskanzlers.

Viermächte-Abkommen über Berlin (Seite 31)
Am 3.9.1971 schlossen die USA, Großbritannien, Frankreich und der Sowjetunion ein Abkommen, das die politischen Bindungen und verkehrstechnischen Verbindungen von Berlin (West) zur Bundesrepublik Deutschland in ihren Grundzügen festlegte.

Volksabstimmung (Seite 120)
Eine Volksabstimmung ist eine Abstimmung aller Bürgerinnen und Bürger über Sachfragen. Sie ist in Deutschland (hier Volksentscheid genannt) z. B. bei der Neugliederung des Bundesgebiets vorgesehen (§ 29 Grundgesetz).

Warschauer Pakt (Seite 134)
1955 in Warschau gegründetes, von der Sowjetunion geführtes Militärbündnis kommunistischer Staaten. Nach dem Zusammenbruch der kommunistischen Regierungen in Osteuropa löste sich der Warschauer Pakt 1991 auf.

Welthandel (Seite 86)
Importe und Exporte aller Länder der Erde, d. h. der Austausch von Gütern und Dienstleistungen über die jeweiligen Staatsgrenzen hinweg. In Statistiken wird der wertmäßige Umfang dieser internationalen Handelsbeziehungen meistens in US-Dollar angegeben.

Welthandelsorganisation (WTO) (Seite 89)
(englisch: World Trade Organization), Sonderorganisation der → UNO für Welthandel. Sie stärkt die weltweite wirtschaftliche Zusammenarbeit und die Handelsbeziehungen der Staaten untereinander.

Weltreligion (Seite 142)
Eine Weltreligion ist in weiten Teilen der Welt verbreitet. Weltreligionen sind das Christentum, der Buddhismus, der Islam sowie der Hinduismus und das Judentum.

Zweitstimme (Seite 48)
Mit der Zweistimme wird bei Bundestagswahlen die Kandidatenliste einer Partei gewählt. Auf der Grundlage der Zweitstimmen wird die Anzahl der Sitze der Parteien im Bundestag errechnet.

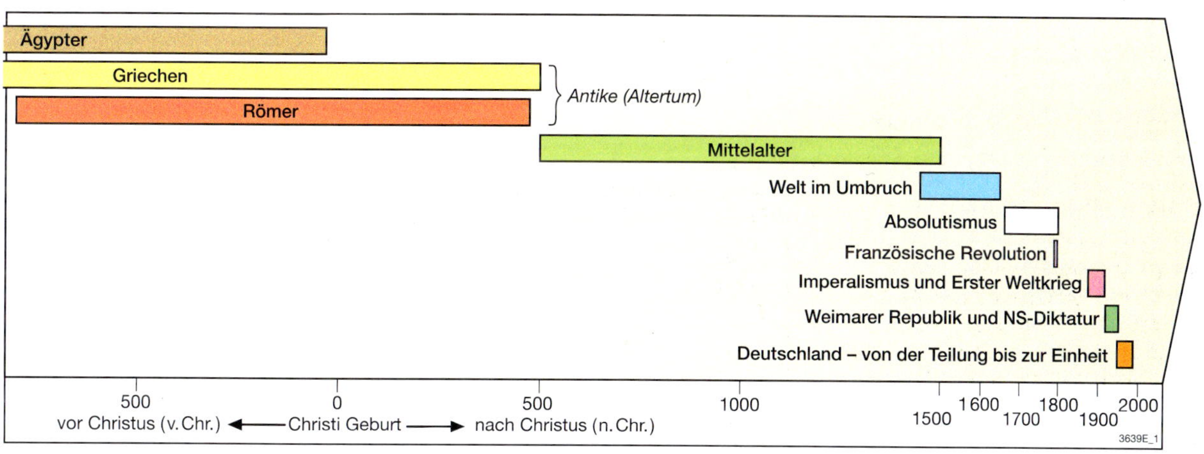

Zeitepochen

Wie lange dauert ein Jahrhundert?

Ein Jahrhundert ist ein Zeitraum von 100 Jahren.

Hier einige Beispiele:
Das 4. Jahrhundert n.Chr. dauerte von 301 bis 400 n.Chr.
Das 4. Jahrhundert v.Chr. dauerte von 400 bis 301 v.Chr.

Wir leben im 21. Jahrhundert. Es begann mit dem Jahr 2001 und endet mit Ablauf des Jahres 2100.

3wimage, CH-Erlinsbach: 111 M4 links; Abendroth, C., Kettenkamp: 116/117; AdsD der FeF, Bonn: 25 M4; akg-images, Berlin: 19 M3 u. M4, 19 M6–M8, 36 oben links u. 36 oben rechts; Arco Digital Images, Lünen: 109 M7 (Schlepphorst); Associated Press, Frankfurt/Main: 8 M2 (Saini/Serambi); Baaske Cartoons, Müllheim: 56 M2 (Mester); Bettermann, A., Wendhausen: 118 M1; Bildarchiv Preußischer Kulturbesitz, Berlin: 16/17 oben (Shagin), 19 M5, 22 M2, 30 M3; Bilderberg, Hamburg: Titel oben (Bossemeyer), 110 M2; BMW AG, Historisches Archiv, München: 33 M5; Bundesbildstelle, Berlin: Titel unten, 20 M3, 50 M4; Bürgerinitiative gegen Flugverkehrsbelastung im Landkreis Konstanz, Rielasingen: 45 M6; Christoph & Friends/Das Fotoarchiv, Essen: 67 M6, 82 Abb. 4; Corbis, Düsseldorf: 12 M2 (Ascui), 14 M1 (Nakao), 78 M1, 90 M2 (Jagadeesh), 104 B (Jagadeesh), 106/107 (Danny/Lehmann), 113 M3 (Stone), 113 M4 (Kähler), 115 M2 (Harvey), 124 M1 links (Hawkes), 141 M6 (Reuters/Njuguna), 143 M4 (Rosen); Das Luftbild-Archiv, Wennigsen: 38/39; ddp, Berlin: 43 M5 (Hilgenmann); Deutsche Gesellschaft für Technische Zusammenarbeit, Eschborn: 13 M6; Deutsche Stiftung Weltbevölkerung, Hannover: 71 M3 u. M5; Deutsches Historisches Museum, Berlin: 34 M2; Druwe & Polastri, Cremlingen: 93 M5, 104 C; Eastway, Witten: 124 M1 rechts; Erich Schmidt Verlag, Berlin: 55 M5, 57 M4; Europäische Union: 13 M4; Europäisches Parlament, F-Strassburg: 119 M4, 120 M2; Frauendorf, U., Leipzig: 32 M2; Fritz Kohl GmbH & Co. KG, Karlstadt: 111 M4 rechts, 111 M5 rechts; Getty Images, München: 6 oben (Stringer/AFP), 12 M1 (Lai-Stf), 145 M4 (Kealy); Globus Infografik, Hamburg: 42 M1, 54 M4, 66 M2, 86 M3, 88 M1, 90 M1, 97 M4, 99 M4, 100 M2, 121 M4, 123 M3, 133 M4, 141 M5, 143 M3, 146 M2; Grammel, R., Freiburg: 109 M4; Greiner & Meyer, Braunschweig: 52 M1; Haitzinger/CCC, www.c5.net: 60/61; Haus der Geschichte, Bonn: 28 M1, 119 M5; Hofemeister, U., Diepholz: 100 M1 u. M4, 104 unten rechts; IFA-Bilderteam, Ottobrunn: 63 M3 (TPL), 110 M3 (Diaf); IMZBw - Bildarchiv, St. Augustin: 50 M2; Keystone Pressedienst, Hamburg: 35 M4, 136 M2, 148 oben rechts; Konrad-Adenauer-Stiftung, ACDP, Plakatsammlung, St. Augustin: 25 M9; laif, Köln: 12 M3 (Sasse), 66 M1, 76 M3 (Raach), 77 M6 (Raach), 82 Abb. 3 (Raach), 84/85 (Holland Hoogte); Landeszentrale für politische Bildung Baden-Württemberg, Stuttgart: 41 M4 (aus: Bilder- und Foliemappe „Demokratie sehen und verstehen“, Stuttgart 1998); Langrock/Agentur Zenit, Berlin: 16/17 unten, 54 M1; Latz, W., Linz: 74 M1, 75 M6, 82 Abb. 1; Luff/CCC, www.c5.net: 43 M3, 137 M4, 148 oben links; Mohr/CCC, www.c5.net: 118 M3; München, G., Happstädten-Weiersbach: 95 M4, 104 D; Münchener Stadtmuseum: 26 M1 (Pulfer), 134 M1; Nebel, J., Muggensturm: 22 M1, 72 M3 u. M5, 73 M7, 74 M3, 80 M3 u. M4; Omnibus gGmbH, Kempten: 45 M5; PantherMedia GmbH, München: 108 M3; photoplexus, Bonn: 48 M1 (Gödde); phototek.net: 51 M7 (Koehler); Picture Press, Hamburg: 144 M2 (aus: STERN 32/2006), 144 M3 (aus: STERN 32/2006), 145 M5 (aus: STERN 32/2006); picture-alliance/dpa, Frankfurt/Main: Titel Mitte, 7 unten (Abaca), 8 M4 (Walton), 14 M3 (Grimm), 15 M4 (Taguchi), 21 M3, 26 M2, 31 M4 (VPI), 31 M5, 32 M1, 33 M3 (Kemmether), 34 M1, 35 M3 (M. Athenstädt), 40 M1 (Weißbrod), 44 M2, 44 M3 (Mächler), 46 M1 (Pilick), 51 M6 (Schutt), 57 M3 Asamoah (Vennenbernd), 57 M3 Neuville und Podolski (dpa-Report), 70 M1 links (Jantilal/AFP), 70 M1 rechts (Ludbrook/epa), 77 M5, 82 Abb. 2 (Ludbrook/epa), 88 M3 (epa Qilai Shen), 104 A (epa Qilai Shen), 109 M6, 121 M6 (epa/Diezins), 123 M4 (Schmitt), 127 M5 (Hollemann), 133 M5 (Photoreporters), 138 M1 (tass-fotokhronika), 140 M3 (Campbell), 143 M5 (afp), 144 M1 (epa/Messara), 146 M1 (Kraak), 147 M3 (McCoy); picture-alliance/KPA, Frankfurt/Main: 30 M1 (KPA/HIP/Jewish Cronicle Ltd), 69 M5 (Aquila); Plaßmann, T., Essen: 151 unten rechts; Ramos, M., B-Brüssel: 122 M1; Reicholf, J., München: 114 M1; rosner GmbH & Co., Ingolstadt: 91 unten; Roy Raymonde: 97 M5, 104 unten links; Rüttger, E., Langlingen: 27 unten rechts; Sachsenring GmbH, Chemnitz: 33 M4; Schönauer-Kornek, S., Wolfenbüttel: 69 M4; Sierigk, P., Braunschweig: 92 M2 unten; StudioX/Gamma, F-Paris: 112 M1; Süddeutscher Verlag Bilderdienst, München: 18 M2; SV Werder Bremen: 57 M3 Klose; Tekülve, R., Essen: 152 unten; terre des hommes Deutschland, Osnabrück: 13 M5, 13 M7; TopicMedia, Ottobrunn: 62 M2 (TCL), 82 Abb. 5 (TCL); ullstein bild, Berlin: 24 M1 u. M2, 28 M2, 36 Mitte links u. Mitte rechts, 137 M6 (AP), 138 M2 (CARO/Muhs); UN Photo, New York: 130/131 (Castro); Varta, Hannover: 91 oben; Westermann Archiv, Braunschweig: 92 M2 Mitte u. oben; Wildlife, Hamburg: 111 M5 links (Fiedler); ZDF, Mainz: 49 M5 (Rossival).

Der Band enthält Beiträge von:

Hanne Auer, Matthias Bahr, Angelika Hauck, Uwe Hofemeister, Ingo Juchler, Rainer Lacler, Wolfgang Latz, Alexander Oberst, Christoph Weigert und Alexandra Wolf.